试题四（15分）

阅读下列说明，回答【问题1】至【问题3】

某公司中标了本市一个公交站媒体综合系统项目，任命小梁为项目经理，为项目团队配备了技术经验丰富的成员。小梁之前负责过多个类似的项目，为了减少沟通过程，提升效率，小梁很快自己完成了项目范围说明书、创建了 WBS 和 WBS 字典，并确定了该项目的范围基准。施工期间，甲方提出增加断点续传和智能调音功能，技术人员觉得工作量小自行进行了修改和调整。在进行测试时发现，该项目的媒体系统与之前企业客户的媒体综合系统不同，数据传输加载缓慢，之前技术人员在为甲方增加断点续传和智能调音功能时修改了原系统的设计逻辑和编码，这部分工作需要返工重做。客户在验收时非常不满，觉得交付的系统和自己需要的有很大差异，客户也向公司进行了投诉。

【问题1】（5分）

请结合案例，分析该项目在范围管理方面存在哪些问题。

【问题2】（7分）

案例体现了项目范围说明书的重要性，请说明项目范围说明书的内容和作用。

【问题3】（3分）

请将正确选项的代号填入题目中相应的空格内。

创建 WBS 过程输出了范围基准，__(1)__ 是对项目团队为实现项目目标、创建所需可交付成果而需要实施的全部工作范围的层级分解，WBS 的最低层级的带有独特标识号的是 __(2)__，__(3)__ 中的内容一般包括编码标识、工作描述或进度里程碑等信息。

A．规划包

B．WBS

C．WBS 字典

D．工作包

E．项目范围说明书

全国计算机技术与软件专业技术资格（水平）考试

系统集成项目管理工程师机考试题终极预测

第5套

应用技术题

试题一（22分）

阅读下列说明，回答【问题1】至【问题3】

项目经理杜先生最近负责某快递物流信息系统的开发项目，杜经理在对项目工作进行分解和成本估算后，形成了以下项目情况分析表：

活动	负责人	计划成本（万元）	完成进度	实际成本（万元）
A	小李	8	70%	7
B	小李	5	100%	4
C	小张	6	80%	5
D	小曲	7	80%	6
E	小宋	3	100%	3
F	小冯	1	80%	1

【问题1】（8分）

根据题意计算本项目的计划值、挣值和实际成本，并对项目的进度和成本的执行绩效进行评价。

【问题2】（5分）

杜经理的助理在帮其汇总和核算项目进度和成本情况后，给杜经理反馈的结论是：目前项目的 AC 比 PV 低，所以项目成本控制良好，属于成本节约。你认为助理的结论是否正确并说明理由。

【问题3】（9分）

（1）若后续项目保持目前的成本状况，请预估项目的 EAC 是多少（结果保留一位小数）。

（2）若后续项目没有成本偏差状况，请预估项目的 EAC 是多少（结果保留一位小数）。

（3）针对杜经理目前面临的情况，你建议他采取什么措施？

试题二（20分）

阅读下列说明，回答【问题1】至【问题3】

某信息系统集成公司的项目经理杨工承接了某公司网络建设的项目，杨工接到任务后，发现公司批准的项目预算额度比较保守，为了能在保证项目质量的基础上，尽可能地控制成本，提升项目的整体利润率和完工奖励，杨工在项目规划阶段就开始对成本管理工作进行充分的分析和规划，建立了各成本管理过程的基本框架，通过一系列的准备工作后，杨工对项目的成本估算和管控工作有了清晰的思路。

【问题1】7分

（1）请说明项目成本管理领域的活动过程涉及哪些管理过程组，以及它们与五大管理过程组的对应关系。

（2）请说出估算成本过程的3种成本估算的方法或技术。

【问题2】9分

请说明项目成本控制的目标有哪些。

【问题3】4分

判断下列选项的正误，在正确的选项后括号里填写"√"，在错误的选项后括号里填写"×"。

A. 当 SV＞0 时，说明成本节约 （1）

B. 当 CV＜0 时，说明进度落后 （2）

C. CPI=EV/AC，且 CPI＜1 时，说明成本超支 （3）

D. 基于典型的偏差时，可以使用公式 ETC=(BAC−EV)/CPI 来计算 （4）

试题三（18分）

阅读下列说明，回答【问题1】至【问题3】

A 公司成立于 2019 年，是一家专业承建大型信息系统集成业务的公司，具备丰富的系统集成项目工程施工经验。近期承接了某市交通管理信息系统的工程项目，由于工程量大，工期条件紧张，特任命经验丰富的小丁为项目经理，希望他能高效规划和管控整个项目的进度，为此小丁开始紧锣密鼓地投入到项目准备工作中来。他的工作重心将侧重在以下几个方面。

【问题1】（5分）

小丁目前正急于规划项目进度的工作，请帮他罗列在规划过程组应依次做好哪些活动过程。

【问题2】（8分）

请将正确答案填入对应的空格中。

ES		EV	
EF		PV	
LS		BAC	
LF		ETC	

【问题3】（5分）

（1）请说明箭线图法 ADM 的 3 个基本原则。

（2）若三个估算值乐观时间 a、最可能时间 b、悲观时间 c 服从三角分布，则三点估算法的公式应为？

（3）若三个估算值乐观时间 a、最可能时间 b、悲观时间 c 服从 β 分布，则三点估算法的公式应为？

- The values of project management engineers do not include (72).

  (72) A. trust
  　　　B. adhere to discipline
  　　　C. be brave in innovation
  　　　D. feudal superstition

- The validity period of national standards is generally (73) years.

  (73) A. 3　　　B. 5　　　C. 10　　　D. 15

- Key focus on supervision service capability (74).

  (74) A. Strategy, organization, process, performance
  　　　B. Personnel, technology, resources, processes
  　　　C. Tools, knowledge, governance, satisfaction
  　　　D. Documents, activities, personnel, performance

- A project is a (75) endeavor undertaken to create a unique product, service or result.

  (75) A. static　　B. permanent　　C. temporary　　D. renting

- 管理项目知识过程的主要输出是 (53)。
  (53) A. 经验教训登记册　　　　　　B. 可交付成果
       C. 项目文件　　　　　　　　　D. 项目管理计划
- 下列关于"管理质量"过程的描述，不正确的是 (54)。
  (54) A. 管理质量是所有人的共同职责，包括项目经理、项目团队、项目发起人、执行组织的管理层，客户除外
       B. 在传统项目中，管理质量通常是特定团队成员的职责
       C. 在敏捷型项目中，整个项目期间的质量管理由所有团队成员执行
       D. 管理质量是把组织的质量政策用于项目，并将质量管理计划转化为可执行的质量活动的过程
- 在管理质量过程中，项目经理小赵采用 (55) 技术对多种质量活动实施方案进行排序。
  (55) A. 备案方案分析　　　　　　　B. 多标准决策分析
       C. 根本原因分析　　　　　　　D. 过程绩效分析
- 矩阵图在行列交叉的位置展示因素、原因和目标之间的关系强弱。其中 (56) 矩阵图用于表示一组变量分别与另两组变量的关系。
  (56) A. 屋顶形　　B. L形　　C. T形　　D. C形
- 项目经理小王负责公司新项目，小王想要为项目争取最佳资源，主要跟 (57) 谈判。
  (57) A. 项目发起人　　　　　　　　B. 项目投资人
       C. 职能经理　　　　　　　　　D. PMO
- 甲乙双方一直就价格和工期问题未能达成一致，再次谈判后双方都决定有所让步，甲方同意增加一个月工期，乙方也决定价格让利，这体现了 (58) 的解决方法。
  (58) A. 妥协/调解　B. 缓和/包容　C. 合作/解决　D. 撤退/回避
- 实施风险应对的输入不包括 (59)。
  (59) A. 风险管理计划　　　　　　　B. 风险登记册
       C. 风险报告　　　　　　　　　D. 风险分解结构
- 团队成员开始协同工作、相互信任，调整工作习惯来相互配合，此时项目团队所处的阶段是 (60) 阶段。
  (60) A. 形成　　B. 规范　　C. 调整　　D. 成熟
- 控制质量过程的主要输入不包括 (61)。
  (61) A. 批准的变更请求　　　　　　B. 可交付成果
       C. 工作绩效报告　　　　　　　D. 质量管理计划
- 某项目的估算成本为 90 万元，在此基础上，公司为项目设置 10 万元的应急储备和 10 万元的管理储备，项目工期为 5 个月。项目进行到第 3 个月的时候，项目 SPI 为 0.6，实际花费为 70 万元，EV 为 60 万元。以下描述正确的是 (62)。
  (62) A. 项目的项目预算为 110 万元
       B. 项目的成本控制到位，进度上略有滞后
       C. 基于典型偏差计算，到项目完成时，实际花费的成本为 100 万元
       D. 基于非典型偏差计算，到项目完成时，实际花费的成本为 115 万元
- 用于监督和控制采购的数据分析技术，不包括 (63)。
  (63) A. 偏差分析　　B. 绩效审查　　C. 挣值分析　　D. 趋势分析
- 监督干系人参与时，使用 (64) 技术考查干系人成功参与项目的标准，并根据其优先级排序和加权，识别出最适当的选项。
  (64) A. 多标准决策分析　　　　　　B. 名义小组
       C. 头脑风暴　　　　　　　　　D. 焦点小组
- 按照文档的分类，适合于由同一单位内若干人联合开发的程序属于 (65)。
  (65) A. 内部文档　　B. 工作文档　　C. 技术文档　　D. 开发文档
- 下列 (66) 应该包含程序清单、开发记录、测试数据和程序简介。
  (66) A. 最低限度文档　　　　　　　B. 工作文档
       C. 技术文档　　　　　　　　　D. 开发文档
- 小张被任命为公司的文档与配置管理员，他的主要工作不包括 (67)。
  (67) A. 管理所有活动，包括计划、识别、控制、审计和回顾
       B. 建立和维护配置管理系统
       C. 建立和维护配置库或配置管理数据库
       D. 配置项识别、版本管理和配置控制
- 配置项控制是对配置项和基线的变更控制，关于配置项控制的说法不对的是 (68)。
  (68) A. 对配置项或基线提出变更，需要先提交变更申请
       B. 项目经理负责对配置项的变更申请进行评估和确认
       C. 配置项变更申请的最终结果需要同步给每个相关干系人
       D. 配置管理员将变更后的配置项纳入基线
- 信息系统项目监理内容被概括为"三控、两管、一协调"，其中的"三控"不包括 (69)。
  (69) A. 质量控制　　B. 进度控制　　C. 变更控制　　D. 投资控制
- 以下对项目管理工程师的职责的描述，错误的是 (70)。
  (70) A. 贯彻执行国家和项目所在地政府的有关法律、法规和政策
       B. 对信息系统项目的全生命期进行有效控制，确保项目质量和工期，努力提高经济效益
       C. 不断提高个人的项目管理能力
       D. 平等与客户相处；在与客户协同工作时，注重礼仪
- The key benefit of the Project (71) is that it determines whether to acquire goods and services from outside the project, if so, what to acquire as well as how and when to acquire it.
  (71) A. Schedule management　　　　B. Change management
       C. Knowledge management　　　D. Procurement Management

- 可以根据干系人对项目工作的影响方向，对干系人进行分类。下列描述错误的是 (38)。
  (38) A. 向上：客户、发起人和指导委员会的高级管理层
       B. 向下：项目团队中负责执行的成员
       C. 向外：供应商、政府机构、公众、和监管部门
       D. 横向：项目经理的同级人员，如其他项目经理或中层管理人员
- 收集需求是为实现目标而确定、记录并管理干系人的需要和需求的过程。本过程的输入不包括 (39)。
  (39) A. 项目章程   B. 需求管理计划
       C. 需求文件   D. 范围管理计划
- 下列 (40) 不是需求跟踪矩阵的内容。
  (40) A. 业务目标   B. 项目范围   C. 工作绩效   D. 产品开发
- 项目经理可以通过 (41) 查看详细的可交付成果、活动和进度信息。
  (41) A. WBS   B. WBS 词典   C. 工作包   D. 控制账户
- 在没有现成的 WBS 模板情况下，为准备 WBS，项目经理应首先 (42)。
  (42) A. 确定每个项目阶段的估计成本和时间
       B. 确定主要的项目可交付成果
       C. 确定每个项目阶段的组成部分
       D. 确定要完成的关键工作
- 在对一项任务的检查中，项目经理发现一个团队成员正在用与 WBS 词典规定不符的方法来完成这项工作。项目经理应首先 (43)。
  (43) A. 告诉这名团队成员采取纠正措施
       B. 确定这种方法对职能经理而言是否是可接受的
       C. 问这名团队成员，这种变化是否必要
       D. 确定这种变化是否改变了工作包的范围
- 只有启动新应付账款系统，才能关闭旧的应付账款系统，这两项活动的依赖关系可以表示为 (44)。
  (44) A. SS   B. SF   C. FF   D. FS
- 关于活动排序的描述，不正确的是 (45)。
  (45) A. 单代号网络图中，每项活动有唯一的活动号，每项活动都标明了活动的持续时间
       B. 双代号网络图中流入同一节点的活动，均有共同点紧后活动
       C. 双代号网络图中，任两项活动的紧前事件和紧后事件代号至少有一个不相同
       D. 滞后量是紧后活动相对于紧前活动需要推迟的时间量，一般用负值表示
- 某软件开发项目由 A 到 I 总计 9 个活动组成，项目的活动历时，活动所需人数、活动逻辑关系如下表所示。该项目的关键路径为 (46)，最快 (47) 天完成。

活动	历时（天）	资源（人）	紧前活动
A	10	2	—
B	20	8	A
C	10	4	A
D	10	5	B
E	10	4	C
F	20	4	D
G	10	3	D
H	20	7	E、F
I	15	8	G、H

(46) A. ABDFHI   B. ABDGHI   C. ACEHI   D. ACEFI
(47) A. 95   B. 85   C. 75   D. 65

- 某项目的进度网络图如下，活动 F 的自由浮动时间为 (48) 天。

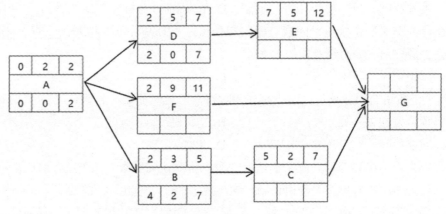

(48) A. 1   B. 2   C. 3   D. 4

- 成本管理计划描述将如何规划、安排和控制项目成本，下列 (49) 一般不包含在成本管理计划中。
  (49) A. 计量单位   B. 精确度   C. 准确度   D. 薪酬结构
- 项目经理小王在对公司新项目进行成本估算，其最终的输出不包括 (50)。
  (50) A. 活动成本估算   B. 估算依据
       C. 范围基准   D. 风险登记册更新
- 公司为供应商报销了履行合同发生的一切合法成本，产品交付给客户后，客户十分满意，因此老板十分认可供应商的服务和质量，凭自己主观感觉又当即额外支付了一笔费用给供应商作为利润，从此可以判断公司与供应商双方签署的是 (51)。
  (51) A. 工料合同   B. 成本加激励费用合同
       C. 成本加奖励费用合同   D. 成本加固定费用合同
- 下列 (52) 不属于指导与管理项目工作过程的输出。
  (52) A. 可交付成果   B. 工作绩效数据
       C. 问题日志   D. 批准的变更请求

B. 验证软件是否符合规格和需求

C. 提供用户满意度

D. 尽量在刚引入缺陷时将其捕获，而不是让缺陷扩散到下一阶段

● 在目前主要的逻辑模型中，__(21)__是最重要的一种逻辑数据模型。

(21) A. 层次模型　　　　　　　　　B. 网状模型

　　　C. 关系模型　　　　　　　　　D. 面向对象模型

● 关于数据资产管理，以下说法不正确的是__(22)__。

(22) A. 数据共享是指通过数据共享、数据开放或数据交易等流通模式，推动数据资产在组织内外部的价值实现

　　　B. 数据开放是指向社会公众提供易于获取和理解的数据

　　　C. 数据价值评估是指数据资产管理的关键环节，是数据资产化的价值基线

　　　D. 数据交易是指交易双方通过合同约定，在安全合规的前提下，开展以数据或其衍生形态为核心的交易行为

● 为了更加有效地管理敏感数据，通常会对敏感数据的敏感程度进行划分，以下属于常见程度划分的是__(23)__。

(23) A. L1（公开）、L2（保密）、L3（机密）、L4（绝密）、L5（私密）

　　　B. L1（个人）、L2（组织）、L3（商业）、L4（技术）、L5（国家）

　　　C. L1（公共）、L2（保密）、L3（机密）、L3（加密）、L5（绝密）

　　　D. L1（互联网）、L2（局域网）、L3（保密网）、L4（专网）、L5（绝密网）

● 中间件通常位于__(24)__层次之间。

(24) A. 用户与计算机硬件之间　　　　B. 操作系统与应用程序之间

　　　C. 数据库与应用程序之间　　　　D. 网络协议与应用程序之间

● 在应用软件集成活动中，以下不属于代表性的软件构件标准的是__(25)__。

(25) A. COBIT　　B. CORBA　　C. J2EE　　D. COM

● 建立信息系统安全组织机构管理体系的工作不包括__(26)__。

(26) A. 配备安全管理人员　　　　　　B. 建立安全职能部门

　　　C. 成立运行维护小组　　　　　　D. 建立信息安全保密管理部门

● 根据《信息安全技术 网络安全等级保护基本要求》，第一级安全保护能力指的是__(27)__。

(27) A. 防护免受国家级别的威胁源发起的恶意攻击

　　　B. 防护免受来自外部小型组织的威胁，并能发现安全漏洞

　　　C. 防护免受来自个人的或拥有很少资源的威胁源发起的恶意攻击，并在损害后能恢复部分功能

　　　D. 防护免受拥有丰富资源的威胁源发起的恶意攻击，并能迅速恢复所有功能

● 信息系统的"安全空间"由__(28)__构成。

(28) A. 安全机制、安全服务、安全设备

　　　B. 安全人员、安全技术、安全设备

　　　C. 安全人员、安全服务、OSI 网络参考模型

　　　D. 安全机制、OSI 网络参考模型、安全服务

● 在信息安全系统工程能力成熟度模型（ISSE-CMM）中，公共特性分为 5 个级别，按能力成熟度自低到高依次划分为是__(29)__。

(29) A. 非正规实施级、规划和跟踪级、充分定义级、量化控制级、持续优化级

　　　B. 非正规实施级、充分定义级、规划和跟踪级、量化控制级、持续优化级

　　　C. 非正规实施级、量化控制级、充分定义级、规划和跟踪级、持续优化级

　　　D. 非正规实施级、量化控制级、规划和跟踪级、充分定义级、持续优化级

● __(30)__ PMO 向项目提供模板、最佳实践、培训，以及其他项目的经验教训。

(30) A. 支持型　　B. 服务型　　C. 沟通型　　D. 协调型

● 下列关于项目生命周期的特点，说法错误的是__(31)__。

(31) A. 在项目的执行阶段，成本和人员投入水平达到最高

　　　B. 在项目的初始阶段，完成项目目标的风险是最低的

　　　C. 随着项目的开展，完成项目的确定性通常会逐渐降低

　　　D. 随着项目的开展，变更和弥补缺陷的代价通常会增加

● 某公司承担智慧养老社区建设任务，负责人要求以频繁交付增量价值的方式来实现项目的交付，则该项目更适合采用__(32)__生命周期。

(32) A. 瀑布型　　B. 敏捷型　　C. 迭代型　　D. 增量型

● 下列__(33)__不属于项目建议书的核心内容。

(33) A. 项目的必要性　　　　　　　　B. 项目投资的风险性

　　　C. 项目的市场预测　　　　　　　D. 项目建设必需的条件

● 在进行项目可行性分析时，项目经理对团队成员的心理承受能力、接受新知识和技能的积极性等进行了评估，这属于__(34)__。

(34) A. 技术可行性分析　　　　　　　B. 经济可行性分析

　　　C. 运行环境可行性分析　　　　　D. 人员组织可行性分析

● 项目经理小王认为新项目的开展将会极大地锻炼技术人员的专业能力，提升公司整体技术水平，小王进行的此项分析属于__(35)__。

(35) A. 技术可行性分析　　　　　　　B. 经济可行性分析

　　　C. 社会效益可行性分析　　　　　D. 运行环境可行性分析

● 项目管理原则用于指导项目参与者的行为，下列__(36)__不属于项目管理原则。

(36) A. 勤勉、尊重和关心他人　　　　B. 聚焦于目标实现

　　　C. 拥抱适应性和韧性　　　　　　D. 驾驭复杂性

● 项目评估的依据不包括__(37)__。

(37) A. 项目可行性研究报告　　　　　B. 项目建议书

　　　C. 银行的贷款决策　　　　　　　D. 主管部门的初审意见

全国计算机技术与软件专业技术资格（水平）考试

系统集成项目管理工程师机考试题终极预测

第5套

基础知识题

- 当信息被预期用户需要时，它可以被轻松地访问和使用，这反映了信息的 (1) 。
  - (1) A. 完整性　　　B. 安全性　　　C. 可用性　　　D. 可维护性
- 在信息化体系中，以下 (2) 不是其主要的组成部分。
  - (2) A. 信息技术应用　　　　　　B. 信息资源
    　　 C. 信息化人才　　　　　　D. 传统业务流程
- 以下关于"两化融合"的描述中， (3) 是不正确的。
  - (3) A. 两化融合是指信息化和工业化的高层次的深度结合
    　　 B. 两化融合的核心是信息化支撑，追求可持续发展模式
    　　 C. 两化融合仅涉及技术融合，不包括产品融合、业务融合和产业衍生
    　　 D. 两化融合是工业化和信息化发展到一定阶段的必然产物
- 下列选项中 (4) 不是元宇宙的主要特征。
  - (4) A. 沉浸式体验　　B. 虚拟身份　　C. 虚拟经济　　D. 虚拟政府
- 在计算机软件中， (5) 控制和协调计算机及外部设备，支持应用软件开发和运行。
  - (5) A. 系统软件　　B. 应用软件　　C. 中间件　　D. 驱动程序
- 关于网络协议的三要素，以下 (6) 描述是正确的。
  - (6) A. 网络协议的三要素是分层、接口和服务
    　　 B. 语法规定了用户数据与控制信息的结构与格式，但不涉及数据出现的顺序
    　　 C. 语义规定了需要发出何种控制信息、完成何种动作以及做出何种响应
    　　 D. 时序（同步）是对时间实现顺序的笼统描述，不涉及速度匹配和排序
- 软件定义网络中的接口以控制器为逻辑中心，南向接口负责与 (7) 进行通信。
  - (7) A. 控制平面　　　　　　　　B. 数据平面
    　　 C. 多控制器之间　　　　　　D. 应用平面
- 在数据库管理系统中， (8) 使用树形结构来表示数据间的层次关系。
  - (8) A. 层次模型　　　　　　　　B. 网状模型
    　　 C. 关系模型　　　　　　　　D. 面向对象模型
- 采用二维表格结构表达实体及实体间联系的数据结构模型称为 (9) 。
  - (9) A. 层次模型　　　　　　　　B. 网状模型
    　　 C. 关系模型　　　　　　　　D. 面向对象模型
- 关于大数据的特征，以下 (10) 说法是不正确的。
  - (10) A. 大数据包含结构化、半结构化和非结构化数据
    　　 B. 大数据的处理速度要求非常慢，因为数据量巨大
    　　 C. 大数据的价值密度相对较低，需要提炼和分析
    　　 D. 大数据强调对海量数据的实时分析和处理
- IT服务的产业化进程中，服务标准化之后紧接着是 (11) 阶段。
  - (11) A. 产品服务化　　　　　　　B. 服务个性化
    　　 C. 服务产品化　　　　　　　D. 产品创新化
- IT服务质量模型将服务质量的各项特性分为五大类，其中不包括 (12) 。
  - (12) A. 创新性　　B. 可靠性　　C. 响应性　　D. 安全性
- 在信息系统中， (13) 方式主要关注不同系统之间在同一层面上的功能整合。
  - (13) A. 横向融合　　B. 纵向融合　　C. 纵横融合　　D. 斜向融合
- 下列选项中，不属于数据架构设计的基本原则的是 (14) 。
  - (14) A. 数据分层原则　　　　　　B. 服务于业务原则
    　　 C. 创新驱动原则　　　　　　D. 可扩展性原则
- 在信息安全架构设计的三大要素中， (15) 要素是确保信息安全策略得以贯彻执行的基础。
  - (15) A. 技术手段　　B. 管理　　C. 人　　D. 法规
- 下列选项中 (16) 是WPDRRC模型的三大要素。
  - (16) A. 人员、策略、技术　　　　B. 人员、技术、组织
    　　 C. 技术、策略、管理　　　　D. 技术、人员、管理
- 云原生架构中 (17) 非常适合于事件驱动的数据计算任务、计算时间短的请求/响应应用、没有复杂相互调用的长周期任务。
  - (17) A. 服务化架构模式　　　　　B. Mesh（网格）化架构模式
    　　 C. Serverless（无服务器）模式　　　D. 存储计算分离模式
- 面向对象设计（OOD）的主要目标是 (18) 。
  - (18) A. 识别系统中的类和对象
    　　 B. 编写程序的详细代码
    　　 C. 确定系统中的类和对象如何协作以实现所需的功能
    　　 D. 绘制数据流图（DFD）
- 以下关于软件配置管理活动的顺序，正确的是 (19) 。
  ①软件配置管理计划②软件配置标识③软件配置控制④软件配置状态记录⑤软件配置审计
  ⑥软件发布管理与交付
  - (19) A. ①②③④⑤⑥　　　　　　B. ②③①④⑤⑥
    　　 C. ①⑤②③④⑥　　　　　　D. ②①⑤③④⑥
- 下列选项中 (20) 是软件质量保证（SQA）主要目标。
  - (20) A. 减少测试工作量

试题四（19分）

阅读下列说明，回答【问题1】至【问题3】

某公司开发一个媒体后台大数据系统，委派胡工负责该项目的采购管理工作。因时间紧迫，且胡工之前从未接触过该类型项目的采购，胡工对于如何开展接下来的工作感到茫然，他把目前需要明确的问题整理如下。

【问题1】10分

一般的采购步骤包括哪些？

【问题2】5分

请帮胡工说明常见的几种合同类型及相应的分类依据。

【问题3】4分

将正确选项的代码填入题目中的空格内。

在项目工作中，要根据项目的实际情况和外界条件的约束来选择合同类型，具体原则为：

如果是购买标准产品，且数量不大，则使用__(1)__；

如果双方分担风险，则使用__(2)__；

如果买方承担成本风险，则使用__(3)__；

如果卖方承担成本风险，则使用__(4)__。

A．总价合同

B．单边合同

C．成本补偿合同

D．工料合同

全国计算机技术与软件专业技术资格（水平）考试
系统集成项目管理工程师机考试题终极预测
第4套

应用技术题

试题一（21分）

阅读下列说明，回答【问题1】至【问题3】。

张工正在负责一个系统集成项目，项目技术工程师每人每日成本为200元，根据项目各活动以及人数需求进行了估算整理如下表所示：

活动	工期	紧前活动	人数需求
A	2	—	1
B	4	A	3
C	4	B	3
D	6	B	4
E	4	B	3
F	7	C	2
G	2	D、E、F	1
H	3	G	2

【问题1】（9分）

依据关键路径法绘制出该项目的六标时图，并计算出项目的工期，指出关键路径。

【问题2】（8分）

张工在项目进行完第8天时发现项目团队已完成了ABCE四项活动，以及D活动的二分之一，其余活动尚未进行，张工统计出此时总人力成本为8600元。

（1）请帮张工计算出该项目第8天时的挣值。

（2）计算该项目第8天时的SV和CV并对其进行进度绩效和成本绩效的评价。

【问题3】（4分）

为了进一步优化项目效率，张工希望能够在不影响工期的前提下，通过调整某些活动顺序来达到减少技术工程师的人数。

（1）请帮张工判断可以调整什么活动。

（2）本项目最少可以配置多少名技术工程师？

试题二（16分）

阅读下列说明，回答【问题1】至【问题3】。

某公司通过投标获得一个信息系统集成开发建设项目后，任命小郭为项目经理，小郭是该公司的一名具有丰富编程和软件开发技术的老员工，对项目工作的推进充满信心。小郭很快就组建了28人的项目团队，他根据项目工作需要将团队分为三个小组，各小组的职责分工不同。项目在启动三个月后正式进入到实施开发阶段，随着工作逐渐深入，小郭发现做项目经理和纯粹做开发完全不同，团队成员开始出现各种状况：A小组的核心技术成员小孟因出现意外无法上班，直接导致整个小组开发阶段的进度落后完成计划近一个月，其次，各小组成员之间多次出现相互抱怨和推诿，在出现意见分歧后争论激烈，各持己见，矛盾不断，严重影响了团队士气和氛围，小郭为此颇感烦恼。

【问题1】（6分）

（1）结合案例，请说明小郭的项目团队目前发展至塔克曼阶梯理论的哪个阶段。

（2）塔克曼阶梯理论提出团队建设经历哪些阶段，以及各阶段对应的特征是什么？

【问题2】（6分）

管理团队的主要工作有哪些？

【问题3】（4分）

根据题目表述，将正确的答案填写在对应空格。

冲突管理是管理团队的重要技能，冲突的发展可划分为5个阶段：潜伏阶段、（1）、（2）、（3）和结束阶段，为了暂时或部分解决冲突，寻找能让各方都在一定程度上满意的方案，这种解决冲突的方法是（4）。

试题三（19分）

阅读下列说明，回答【问题1】至【问题3】。

A公司负责承建某银行的大型信息系统建设项目，赵工被公司任命为项目经理。项目启动初期，赵工为了做好充分准备，他整理了一份可能参与本项目实施活动的用户和客户清单，同时还把可能因项目开发导致利益会受正面或负面影响的人员名单也整理出来，期间通过与银行部分员工沟通得知，有些岗位员工的作业流程会出现很大的变化，还有一些员工由于不适应新系统的操作存在抵触情绪。赵工也对银行中层主管和高层领导进行了访谈，听取了他们关于本项目的一些想法和建议，赵工对系统建设过程中，如何维护各类干系人的需求和期望有了清晰的认知。

【问题1】（10分）

（1）请说明在项目建设和管理过程中，一般都会涉及哪几类干系人。

（2）在识别干系人过程中经常会用到作用影响方格的分类方法，请说明该方法是基于干系人的哪些方面来进行分类的。

【问题2】（5分）

请说明干系人参与度评估矩阵将干系人参与水平分为哪几种。

【问题3】（4分）

请说明在管理干系人参与过程中，一般需要开展哪些活动。

B. 参与招标文件的编制，并对招标文件的内容提出监理意见

C. 审核招标代理机构资质是否符合行业管理要求

D. 决定承建单位，并与承建单位签订合同

- （67）明确了监理单位提供的监理及其相关服务目标和定位，确定了具体的工作范围、人员职责、服务承诺等。

（67）A. 监理大纲　　B. 监理规划　　C. 监理细则　　D. 监理合同

- 国家标准有效期一般为 （68） 。

（68）A. 3年　　B. 5年　　C. 10年　　D. 15年

- 下列 （69） 不属于项目管理工程师权利。

（69）A. 组织项目团队

B. 组织制订信息系统项目计划，协调管理信息系统项目相关的人力、设备等资源

C. 严格执行财务制度，加强财务管理，严格控制项目成本

D. 协调信息系统项目内外部关系，受委托签署有关合同、协议或其他文件

- 下列 （70） 不是高效项目团队的特征。

（70）A. 建立奋斗型团队　　　　　　B. 有明确的项目目标

C. 团队成员分工明确　　　　　D. 严谨细致的工作作风

- (71) is not one of the project management process groups.

(71) A. Planning process group　　B. Initiating process group

C. Executing process group　　D. Qualifying process group

- (72) is an acquisition and collection method of the implicit knowledge.

(72) A. Books and reference materials　　B. Structured interview

C. Web searching　　D. Data access

- (73) is the process of specifying the approach and identifying potential sellers.

(73) A. Plan Procurement Management　　B. Close Procurement Management

C. Control Procurement　　D. Conduct Procurement

- Information security emphasizes the security attributes of information (data) itself. (74) is not included in the security attributes.

(74) A. confidentiality　　B. consistency

C. integrity　　D. availability

- When performing project activity duration estimates, (75) is not included in the estimation techniques.

(75) A. Three-point Estimating　　B. Analogous Estimating

C. Parametric Estimating　　D. Checklist Estimating

- 采购形式一般分为三种，其中不包括 (50) 。
  - (50) A．直接采购　　B．内部商定　　C．邀请招标　　D．竞争招标
- 到授标阶段，(51) 正式批准某投标方中标，与其订立合同。
  - (51) A．项目发起人　　　　　　B．项目投资人
  - C．招标方的高级管理层　　D．评标委员会
- 下列 (52) 是控制质量过程的输出。
  - (52) A．验收的可交付成果　　B．工作绩效信息
  - C．工作绩效数据　　　　D．质量控制测量结果
- 确认范围过程使用的项目管理计划组件不包括 (53) 。
  - (53) A．范围管理计划　　B．需求管理计划
  - C．范围基准　　　　D．工作绩效报告
- 某公司同时进行了4个项目，各项目当前的挣值分析如下表，其中预计最先完工的项目是 (54) 。

项目	总预算	EV	PV	AC
①	2000	1500	1200	900
②	2000	1800	1300	1100
③	2000	1400	1200	1000
④	2000	1250	1100	850

  - (54) A．①　　B．②　　C．③　　D．④
- 适用于监督风险过程的工具与技术不包括 (55) 。
  - (55) A．备选方案分析　　B．储备分析
  - C．技术绩效分析　　D．风险审计
- 在监控工作过程中，使用 (56) 技术有助于在出现偏差时确定最节约成本的纠正措施。
  - (56) A．备选方案分析　　B．成本效益分析
  - C．挣值分析　　　　D．偏差分析
- 关于实施项目整体变更控制过程的描述，不正确的是 (57) 。
  - (57) A．尽管可以口头提出，但所有变更请求都必须以书面形式记录
  - B．在基准确定之前，变更也应正式受控，实施整体变更控制过程
  - C．实施整体变更控制过程贯穿项目始终，项目经理对此承担最终责任
  - D．参与项目的任何干系人都可以提出变更请求
- 系统集成项目的数据迁移、日常维护以及缺陷跟踪和修复等方面的工作内容，发生在验收阶段的 (58) 。
  - (58) A．验收测试　　B．系统升级　　C．系统试运行　　D．项目终验
- 项目经理小王想要查阅开发过程的每个阶段的进度和进度变更的记录，他可以查看 (59) 。
  - (59) A．管理文档　　B．产品文档　　C．项目文档　　D．开发文档
- 在信息系统开发项目过程中，绝大部分的配置项都要经过多次的修改才能最终确定下来。对配置项版本管理的做法，错误的是 (60) 。
  - (60) A．对配置项的任何修改都将产生新的版本
  - B．新版本产生后，为避免混淆，可以抛弃旧版本
  - C．配置项的版本管理作用于多个配置管理活动之中，如配置标识、配置控制和配置审计、发布和交付等
  - D．配置项按照一定规则进行管理
- 某项目《需求文档》已正式发布，此后客户要求对某项功能进行调整，需要对需求文档进行小幅度升级改动，当前需求文档版本号为1.0，变动后需求文档版本号应该为 (61) 。
  - (61) A．1.1　　B．1.01　　C．2.0　　D．0.1
- 关于配置管理说法不正确的是 (62) 。
  - (62) A．配置管理的目标是确保关键配置项够被识别和记录，维护准确的配置信息
  - B．配置管理相关的角色常包括：配置控制委员会（CCB）、配置管理负责人、配置管理员和配置项负责人
  - C．配置管理过程需核实有关信息系统的配置记录的正确性并纠正发现的错误
  - D．配置项识别、版本管理和配置控制配置管理的日常管理活动主要包括：制订配置管理计划、配置项识别、配置项控制、配置状态报告、配置审计、配置管理回顾与改进等
- 配置状态报告不包括 (63) 。
  - (63) A．已识别但未受控的配置项标识和状态
  - B．每个基线的当前和过去版本的状态以及各版本的比较
  - C．每个受控配置项的标识和状态
  - D．每个变更申请的状态和已批准的修改的实施状态
- 信息系统工程监理的服务能力要素由 (64) 组成。
  - (64) A．人员、技术、资源、流程　　B．人员、工具、技术、流程
  - C．工具、技术、资源、方法　　D．技术、资源、流程、元素
- 关于监理资料的说法，不正确的是 (65) 。
  - (65) A．监理大纲是在竞标成功后，由监理单位监制，宏观指导监理及相关服务过程的纲领性文件
  - B．监理规划是在总监理工程师主持下编制，用来指导监理机构全面开展监理及相关服务工作的指导性文件
  - C．监理意见是在监理过程中，监理机构以书面形式向业主单位或承建单位提出的见解和主张
  - D．监理实施细则是根据监理规划，由监理工程师编制，并经总监理工程师书面批准，针对工程建设或运维管理中某一方面或某一专业监理及相关服务工作的操作性文件
- 在招投标阶段，监理服务内容不包括 (66) 。
  - (66) A．参与业主单位招标前的准备工作，协助业主单位编制项目的工作计划

(33) A. 活动 H 开始时，开始活动 I
     B. 活动 H 完成 10 天后，开始活动 I
     C. 活动 H 结束时，开始活动 I
     D. 活动 H 开始 10 天后，开始活动 I

● 项目经理小王对公司新项目进行历时估算，小赵认为正常情况下完成项目需要 42 天，同时也分析了影响项目工期的因素，认为最快可以在 35 天内完成工作，而在最不利的条件下则需要 55 天完成任务，基于贝塔分布的三点估算法，可以得到的最可能工期是__(34)__天。

(34) A. 42   B. 43   C. 44   D. 55

● 关键路径法是编制进度计划常用的一种工具技术，关于关键路径的说法，正确的是__(35)__。

(35) A. 网络图中只有一条关键路径
     B. 关键路径上各活动的时间之和最小
     C. 非关键路径上某活动发生延误后项目总工期必然会发生延误
     D. 活动是关键路径上的最小单位，改变其中某个活动的耗时，可能会让关键路径发生变化

● 以下关于资源平衡和资源平滑的说法，不正确的是__(36)__。

(36) A. 资源平衡不会导致关键路径改变
     B. 可以用浮动时间平衡资源
     C. 资源平滑是使项目资源需求不超过预定的资源限制的一种技术
     D. 资源平滑技术可能无法实现所有资源的优化

● 在制定进度计划时，可以采用多种工具与技术，如关键路径法、资源平衡技术、资源平滑技术等。在以下叙述中，不正确的是__(37)__。

(37) A. 项目的关键路径可能有一条或多条
     B. 随着项目的开展，关键路径可能也随着不断变化
     C. 资源平衡技术往往会导致关键路径延长
     D. 资源平滑技术往往改变项目关键路径，导致项目进度延迟

● 为了迎合节假日购物季，营销部门决定比原计划提前发布一个产品。基于这个目的，项目经理为关键任务聘用两个额外的资源。项目经理使用的是__(38)__技术。

(38) A. 资源平衡   B. 资源平滑   C. 赶工   D. 快速跟进

● 下列关于成本估算的描述，不正确的是__(39)__。

(39) A. 成本估算是在某特定时点根据已知信息所做出的成本预测
     B. 在项目生命周期中，估算的准确性会随着项目的进展而逐步降高
     C. 应急成本无须纳入到成本估算中
     D. 在进行成本估算时，比较自制成本与外购成本，以优化项目成本

● __(40)__是汇总所有单个活动或工作包的估算成本，建立一个经批准的成本基准的过程。

(40) A. 规划成本   B. 编制成本管理计划
     C. 估算成本   D. 制定预算

● 某公司承接了玩具制作的订单，为了达到客户要求的标准，公司最新采购一批新设备，由此产生的质量成本属于__(41)__。

(41) A. 预防成本   B. 评估成本
     C. 纠错成本   D. 缺陷成本

● 资源分解结构是对团队和实物资源进行分解分层，通常依据__(42)__来分解。

(42) A. 资源类别和数量   B. 资源类别和类型
     C. 资源类别和使用时间   D. 资源类别和资源成本

● 估算活动资源过程的输出不包括__(43)__。

(43) A. 资源需求   B. 估算依据
     C. 资源分解结构   D. 活动清单

● 在__(44)__过程组，开展管理项目知识过程相关工作，促进利用现有知识，并形成新知识，进行知识分享和知识转移，促进本项目顺利实施和项目执行组织的发展。

(44) A. 收尾   B. 规划   C. 执行   D. 监督

● 在管理质量过程中常用到的数据分析技术不包括__(45)__。

(45) A. 备案方案分析   B. 文件分析
     C. 绩效分析   D. 过程分析

● 项目经理在分析造成质量问题的原因，他想要直观展示每个可交付成果的缺陷数量、缺陷成因的排列，那么项目经理可使用__(46)__。

(46) A. 亲和图   B. 直方图   C. 矩阵图   D. 流程图

● 管理质量过程的主要作用是提高实现质量目标的可能性，以及识别无效过程和导致质量低劣的原因，促进质量过程改进。该过程使用的工具与技术不包括__(47)__。

(47) A. 数据分析   B. 面向 X 的设计
     C. 问题解决   D. 测试/产品评估

● 项目经理有时为了给项目争取最佳资源，需要和不同角色的人谈判，下列描述错误的是__(48)__。

(48) A. 项目发起人：确保项目在要求的时限内获得最佳资源，直到完成职责
     B. 执行组织中的其他项目管理团队：合理分配稀缺或特殊资源
     C. 外部组织和供应商：提供合适的、稀缺的、特殊的、合格的、经认证的或其他特殊的团队或实物资源
     D. 特别需要注意与外部谈判有关的政策、惯例、流程、指南、法律及其他标准

● 小王在团队中承担技术研发工作，但是由于一些想法和理念的冲突，导致小王的技术能力发挥受限，小王想要向领导申请将技术研发职权完全归属于自己，由此可以判断，这一现象发生在冲突的__(49)__阶段。

(49) A. 震荡   B. 感知   C. 感受   D. 结束

C. 应能够防护免受来自外部小型组织的威胁，并能发现重要的安全漏洞和处置安全事件

D. 能够防护免受拥有丰富资源的威胁源发起的攻击

● 信息系统的"安全空间"中的 X 轴指的是 (17) 。

(17) A. 安全机制　　B. 安全人员　　C. 安全服务　　D. OSI 网络参考模型

● 依据 ISSE-CMM 中公共特性的成熟度等级定义，(18) 不属于 Level 2：规划和跟踪级。

(18) A. 将过程域执行的方法形成标准化和程序化文档

B. 对组织的标准化过程族进行裁剪

C. 在执行过程域中，使用文档化的标准和程序

D. 验证过程与可用标准的一致性

● 信息安全系统工程实施过程分解为 (19) 三个基本的部分。

(19) A. 策划过程、执行过程、评估过程　　B. 工程过程、风险过程、运营过程

C. 工程过程、风险过程、保证过程　　D. 设计过程、开发过程、测试过程

● PMO 是项目管理中常见的一种组织结构。下列 (20) 不是 PMO 的常见类型。

(20) A. 支持型　　B. 控制型　　C. 指令型　　D. 服务型

● 在项目周期的初始阶段，说法错误的是 (21) 。

(21) A. 成本与人力投入较低　　B. 变更的成本较小

C. 纠错的成本较低　　D. 不确定性较低

● 迭代型和增量型生命周期的共同特点是：(22) 。

(22) A. 需求在交付期间频繁细化，在交付期间实时把变更融入项目

B. 需求在交付期间定期细化，定期把变更融入项目

C. 需求在开发前确定，尽量限制变更

D. 针对最终可交付成果制订可交付计划，在项目结束时一次性交付最终产品

● 在新出具的项目可行性研究报告中，明确指出该项目需要社会招聘或者专门培训具备某项技能的专业人员，这属于项目可行性研究报告中的 (23) 内容。

(23) A. 技术可行性分析　　B. 经济可行性分析

C. 社会效益可行性分析　　D. 人员可行性分析

● 项目经理小王在对公司新项目进行可行性研究分析时指出，该项目率先使用的创新技术将为公司积累宝贵的组织过程资产，并为公司带来长久收益，这属于 (24) 。

(24) A. 技术可行性分析　　B. 经济可行性分析

C. 运行环境可行性分析　　D. 社会效益可行性分析

● 关于项目评估与决策，下列说法正确的是 (25) 。

(25) A. 项目评估是由项目经理在项目可行性研究的基础上，对拟建项目建设的必要性、建设条件、经济效益和社会效益等进行评价、分析和论证

B. 项目评估是项目可行性研究报告的依据

C. 项目评估为银行的货款决策或行政主管部门的审批决策提供科学依据

D. 项目评估的最终成果是项目建议书

● 在项目管理原则中，下列 (26) 不属于"促进干系人有效参与"应该关注的关键点。

(26) A. 干系人会影响项目、绩效和成果

B. 协商并解决项目团队内部以及项目团队与干系人之间的冲突

C. 项目团队通过与干系人互动来为干系人服务

D. 干系人的参与可主动地推进价值交付

● 下列 (27) 不是制定项目章程的输出。

(27) A. 项目整体风险　　B. 总体里程碑进度计划

C. 关键干系人名单　　D. 业务战略计划

● 范围管理计划用于指导项目范围管理的工作和过程，其中不包括 (28) 。

(28) A. 制定项目范围说明书

B. 确定如何审批和维护范围基准

C. 估算项目成本和进度

D. 正式验收已完成的项目可交付成果

● 项目经理小赵在收集需求过程中，通过项目商业计划、营销文献和协议等文件来挖掘需求。他使用的需求收集技术为 (29) 。

(29) A. 观察法　　B. 文件分析　　C. 问卷调查　　D. 信息管理系统

● 项目范围说明书包括：(30) 。

①产品范围描述②需求跟踪矩阵③项目的除外责任④干系人登记册⑤可交付成果⑥验收标准

(30) A. ①②④⑥　　B. ①③⑤⑥　　C. ①②③⑤　　D. ①②⑤⑥

● 创建工作分解结构 WBS 的正确顺序为 (31) 。

①识别和分析可交付成果及相关工作②确定 WBS 的结构和编排方法③自上而下逐层细化分解④核实可交付成果分解的程度是否恰当⑤为 WBS 组成部分制定和分配标识编码

(31) A. ①②③④⑤　　B. ①②③⑤④　　C. ①③②⑤④　　D. ①②⑤③④

● 项目经理小赵想要知道 A 活动的紧前活动和紧后活动，他可以从 (32) 中获悉。

(32) A. 活动属性　　B. 活动清单　　C. 资源日历　　D. WBS

● 下图中（单位：天）关于活动 H 和活动 I 之间的关系描述正确的是 (33) 。

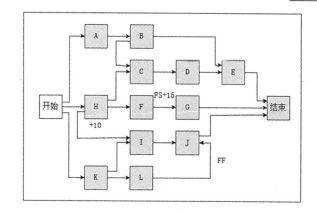

全国计算机技术与软件专业技术资格（水平）考试

系统集成项目管理工程师机考试题终极预测

第4套

基础知识题

● 关于信息的质量属性，__(1)__ 描述是不正确的。
(1) A. 精确性是指对事物状态描述的精准程度
B. 经济性是指信息获取和传输的成本越低越好
C. 完整性要求信息应包括所有重要事实
D. 安全性是指信息在生命周期中只能被授权访问

● 在现代化基础设施建设中，以下 __(2)__ 技术通常不被视为关键组成部分？
(2) A. 5G通信技术　　　　　　　B. 传统燃煤发电厂
C. 高速铁路网络　　　　　　　D. 物联网（IoT）技术

● 在计算机硬件中，__(3)__ 组件负责执行算术和逻辑运算。
(3) A. 控制器　　B. 运算器　　C. 存储器　　D. 输入、输出设备

● 以下关于城域网（MAN）的描述正确的是 __(4)__。
(4) A. 城域网主要用于连接单个建筑物内的计算机
B. 城域网主要传输语音业务，不涉及数据传输
C. 城域网使用具有有源交换元件的局域网技术，传输时延较小
D. 城域网与广域网（WAN）在性能上没有明显区别

● 物联网架构通常被划分为三个层次，以支持从物理世界到信息世界的转换和交互。这三个层次分别是 __(5)__。
(5) A. 感知层、控制层、应用层
B. 数据层、传输层、应用层
C. 感知层、网络层、应用层
D. 采集层、处理层、展示层

● IT服务生命周期的四个阶段，按照顺序排列，正确的是 __(6)__。
(6) A. 战略规划（S）、设计实现（D）、运营提升（O）、退役终止（R）
B. 设计实现（D）、战略规划（S）、运营提升（O）、退役终止（R）
C. 战略规划（S）、运营提升（O）、设计实现（D）、退役终止（R）
D. 运营提升（O）、战略规划（S）、设计实现（D）、退役终止（R）

● 以下 __(7)__ 不是信息系统体系架构的总体框架的组成部分。
(7) A. 战略系统　　B. 数据架构　　C. 应用系统　　D. 信息基础设施

● 下列选项中，__(8)__ 不属于信息安全保障体系框架的部分。
(8) A. 技术体系　　　　　　　　B. 组织机构体系
C. 法律体系　　　　　　　　D. 管理体系

● 质量功能部署（QFD）是一种 __(9)__。
(9) A. 项目管理工具　　　　　　B. 质量控制方法
C. 产品开发和设计工具　　　　D. 客户服务管理工具

● 在软件测试中，__(10)__ 主要用于软件单元测试，方法包括控制流测试、数据流测试和程序变异测试等。
(10) A. 黑盒测试　　B. 白盒测试　　C. 灰盒测试　　D. 自动化测试

● 以下关于数据质量的描述正确的是 __(11)__。
(11) A. 数据质量仅关注数据的准确性，不需要考虑其他因素
B. 数据质量元素分为数据定量元素和定性元素
C. 数据质量是数据产品满足指标、状态和要求能力的特征总和
D. 数据质量不受数据源的影响，只与数据处理过程相关

● 在常见的数据可视化表现方式中，__(12)__ 的结构特征为：每个节点都有一个父节点（根节点除外）。
(12) A. 时态数据可视化　　　　　B. 层次数据可视化
C. 网络数据可视化　　　　　D. 多维数据可视化

● 关于数据仓库，以下描述正确的是 __(13)__。
(13) A. 数据仓库是面向操作的，支持实时事务处理
B. 数据仓库主要用于支持管理决策，面向分析型数据处理
C. 数据仓库中的数据是实时更新的，以反映最新的业务状态
D. 数据仓库中的数据是分散的，不需要进行集成和清洗

● 在弱电工程项目中，__(14)__ 是智能化建筑系统的核心组成部分。
(14) A. 照明系统　　B. 楼宇自控系统　　C. 供电系统　　D. 暖通系统

● 下列 __(15)__ 不属于信息安全管理的人员控制。
(15) A. 要建立、发布和实施信息安全相关的惩戒程序
B. 组织和相关利益方的人员需要接受适当的信息安全意识教育和培训
C. 当出现相互冲突的职责和相互冲突的责任领域时，应实施职责分离，以减少疏忽或故意误用系统的风险等
D. 当组织相关人员远程工作时，组织需要采取适当的安全措施，保护在非组织可管控环境中所要访问、处理或存储的组织信息

● 根据《信息安全技术 网络安全等级保护基本要求》，下列 __(16)__ 符合第二级安全保护能力的要求。
(16) A. 能够防护免受国家级别的威胁源发起的恶意攻击
B. 在自身遭到损害后，能够迅速恢复所有功能

小张作为项目经理负责公司获得的一个信息系统集成项目，甲方之前与公司有过多次项目合作。小张凭借自己丰富的项目经验，在接手后便组织项目组团队对甲方部分员工以访谈的方式进行了需求调研和收集，并根据自己以往的经验完成了范围说明书，然后为了能够及时完工，小张带着项目组直接以敏捷模式开始了系统设计和开发。在交付验收期间，甲方反馈系统界面和功能与预期存在较大差异，部分数据处理流程和接口错误，双方因系统交付和验收产生分歧而僵持不下。

【问题1】（8分）

案例中体现了项目范围管理的重要性，请说明项目范围管理涉及哪些管理过程组以及各管理过程组中包含哪些活动过程。

【问题2】（4分）

请说明项目范围说明书的内容有什么。

【问题3】（5分）

根据题目表述，将正确的答案填写在对应空格。

分解是把项目范围和可交付成果逐步划分为更小、更便于管理的组成部分的技术，（1）是WBS底层的工作，在创建WBS时应注意：WBS必须是面向（2）的，同时也必须符合项目的（3），WBS一般应控制在（4）层，对于WBS中的元素应有人负责且只由一个人负责，这被称为（5）原则。

试题四（17分）

阅读下列说明，回答【问题1】至【问题3】

小李在某信息科技公司担任某企业ERP信息管理系统项目的项目经理。小李在了解了所有项目相关材料后，与甲方重新确认了项目标的和标准，随后制订了质量管理计划，内容包括项目质量的目标和评价标准、质量管理成员的职责和分工、质量检查日历，并召集了全体项目组成员进行了一次为质量管理工作开展的培训，强调了后续将在质量管理和控制方面的一系列行动举措和规划。

【问题1】（7分）

项目质量管理计划是项目管理计划中一部分，请说明质量管理计划包含哪些内容。

【问题2】（6分）

列举管理质量过程的主要工作内容。

【问题3】（4分）

根据题目表述，将正确的答案填写在对应空格。

质量成本适用于规划质量管理过程的数据分析，（1）是指评估、测量、审计和测试特定项目产品、可交付成果或服务所带来的成本，（2）是预防特定项目的产品、可交付成果或服务质量低劣所带来的成本，（3）是因产品、可交付成果或服务与干系人需求或期望不一致而导致的成本，对项目产品样品进行破坏性试验所产生的损失属于（4）成本。

全国计算机技术与软件专业技术资格（水平）考试

系统集成项目管理工程师机考试题终极预测

第3套

应用技术题

试题一（21分）

阅读下列说明，回答【问题1】至【问题4】

赵工将处于编码阶段的某软件项目所进行活动的计划及实际完成情况整理为下表（工作量单位：人天；单位工作量成本：1万元/人天）。

活动		A	B	C	D	E	F	G	H
第1周	计划工作量	50							
	实际完成工作量（此处为实际成本AC）	60							
第2周	计划工作量		40	30					
	实际完成工作量（此处为实际成本AC）		30						
第3周	计划工作量				60	60			
	实际完成工作量（此处为实际成本AC）			70	50	50			
第4周	计划工作量						60		
	实际完成工作量（此处为实际成本AC）						50		
第5周	计划工作量							60	50
	实际完成工作量（此处为实际成本AC）							40	60

【问题1】(9分)

赵工为了更好地对项目进行过程跟踪，制定了如下跟踪表，请补充表中缺失的数据（除SPI和CPI保留2位小数外，其余均保留整数；单位：万元）。

完成时间	第1周	第2周	第3周	第4周	第5周
PV	50	120	240		410
EV	50		240		410
AC	60	90			
SPI	1	0.75			1
CPI	0.83	1.00		0.97	1.00

【问题2】(4分)

请说明第2周时项目的绩效情况，并说明理由。

【问题3】(3分)

若赵工在第2周时采取如下措施，请指出各项措施所面临的负面的风险。
（1）减小活动范围或降低活动要求。
（2）快速跟进。
（3）赶工。

【问题4】(5分)

赵工在第3周时认为项目的偏差情况会持续到项目收尾阶段，项目总成本会发生变化，请计算总成本会超额多少？（结果保留整数）

试题二（20分）

阅读下列说明，回答【问题1】至【问题4】

李工被公司任命为某金融机构的信息系统集成项目的项目经理，金融行业的特殊性要求系统的功能、处理流程、数据安全和保密机制等均需具备完善的安全机制支持。项目团队成员共计18人，项目团队在历经一年半的努力后最终完成了系统的建设、试运行测试。李工与甲方简要地核对交付清单后向公司报告结束该项目。随后，李工将项目组中的一部分成员进行调整和转移，将剩余的项目成员召集在一起开展项目总结会议，会议结束后便宣布解散了项目组。

【问题1】(3分)

李工在处理项目收尾工作的过程中明显存在诸多问题，请说明项目收尾过程组的重点工作有哪些。

【问题2】(8分)

（1）信息安全保障系统简称信息安全系统，用于保证业务应用信息系统的正常运营，对于该金融机构至关重要，请列出信息安全系统的安全空间体系架构由什么组成。
（2）安全空间的五大要素或五大属性是什么？

【问题3】(4分)

判断下列选项的正误，在正确的选项后括号里填写"√"，在错误的选项后括号里填写"×"。

A. 项目收尾时可以按照"项目总结—项目验收—项目移交"的顺序进行（1）。
B. 项目通过最终验收标志着项目的结束和售后服务的开始（2）。
C. 系统集成项目的移交对象分别是用户、运营和支持团队（3）。
D. 完工前需要提前终止的项目，与正常完工的项目在结束项目和阶段过程是相同的（4）。

【问题4】(5分)

请说明开展项目总结会时应重点讨论的内容有哪些。

试题三（17分）

阅读下列说明，回答【问题1】至【问题3】

- 在开发的信息系统产品完成系统测试之后，作为最终产品存入 (56) ，等待交付用户或现场安装。

  (56) A．开发库　　B．发行库　　C．受控库　　D．产品库

- 某软件产品进行升级改造，基于配置库的变更控制对软件代码进行修改，程序员需要将欲修改的代码段从 (57) 中检出，放入自己的 (57) 进行修改。

  (57) A．开发库，受控库　　　　B．受控库，开发库
  　　 C．受控库，产品库　　　　D．产品库，开发库

- 下列 (58) 属于物理配置审计活动。

  (58) A．验证配置项是否已达到配置标识中的性能和功能特征
  　　 B．验证配置项的开发是否已圆满完成
  　　 C．验证要交付的配置项是否存在
  　　 D．验证配置项的操作和支持文档是否已完成并且符合要求等

- 下面关于变更管理的说法，正确的是 (59) 。

  (59) A．变更的提出可以是各种形式的，可以是书面形式的，也可以是口头形式的
  　　 B．变更初审的目的是对变更请求是否可实现进行论证
  　　 C．变更初审通过，则将变更请求由技术要求转化为资源需求，以供 CCB 决策
  　　 D．变更需要遵循正式变更控制流程，不能精简

- 信息系统工程监理的技术参考模型不包括 (60) 。

  (60) A．监理支撑要素　　　　B．监理对象
  　　 C．监理内容　　　　　　D．监理原则

- 用来宏观指导监理及相关服务过程的纲领性文件是 (61) 。

  (61) A．监理大纲　B．监理规划　C．监理实施细则　D．监理报告

- 监理规划是用来指导监理机构全面开展监理及相关服务工作的指导性文件。监理规划必须由 (62) 书面批准。

  (62) A．总监理工程师　　　　B．业主单位负责人
  　　 C．承建单位负责人　　　D．监理单位技术负责人

- 旁站监理是指监理人员在施工现场对 (63) 进行的监督或见证活动。

  (63) A．关键线路上的工作　　B．某些关键部位或关键工序
  　　 C．全部关键部位或关键工序　D．隐蔽工程和地下工程

- 在信息系统工程建设项目的验收阶段，监理服务的主要工作不包括 (64) 。

  (64) A．审核项目测试验收方案的符合性及可行性
  　　 B．全程负责项目的测试和验收工作
  　　 C．协调承建单位配合第三方测试机构进行项目系统测评
  　　 D．促使项目的最终功能和性能符合承建合同要求

- 监理规划在 (65) 生效。

  (65) A．编制完成后
  　　 B．由总监理工程师签字后
  　　 C．报送业主单位并得到确认后
  　　 D．投标结束后

- 中国特色社会主义法律体系是以 (66) 为统帅的。

  (66) A．宪法　　B．民法典　　C．法律　　D．刑法

- 关于法律法规的说法，下列说法错误的是 (67) 。

  (67) A．新法优于旧法　　　　B．宪法具有最高的法律效力
  　　 C．国家主席行使立法权　D．行政法规由国务院制定

- 下列关于道德的说法，错误的是 (68) 。

  (68) A．道德作为一种社会意识，必然由一定的社会经济关系所决定
  　　 B．道德与法律一样，具有强制性，是调控社会关系和人们行为的重要机制
  　　 C．道德以善恶观念为标准来评价人们的思想和行为
  　　 D．道德的主要功能是规范人们的思想和行为

- 下列 (69) 不属于职业道德的主要内容。

  (69) A．爱岗敬业　B．诚实守信　C．办事周到　D．服务群众

- 下列 (70) 不属于职业道德的特征。

  (70) A．普遍性　　B．他律性　　C．继承性　　D．差异性

- The Perform Integrated Change Control process is conducted from project inception through completion and is the ultimate responsibility of the (71) .

  (71) A．change control board
  　　 B．project management office
  　　 C．project manager
  　　 D．configuration management officer

- Team members rely on each other to solve problems smoothly and efficiently, indicating that the team is currently in the (72) stage.

  (72) A．forming　B．storming　C．norming　D．maturing

- The (73) phase is where the team members meet and learn about the project and their formal roles and responsibilities.

  (73) A．forming　B．storming　C．norming　D．performing

- (74) stage is about using project processes effectively. It involves following and meeting standards to assure product will meet their needs, expectations, and requirements.

  (74) A．Plan quality management　　B．Quality assurance
  　　 C．Control quality　　　　　　 D．Project quality

- Project manager Process Group should divide into initiating Process Group, Planning Process Group, (75) Process Group, Controlling Process Group and Closing Process Group.

  (75) A．Developing　B．Testing　C．Executing　D．Beginning

D．项目章程可以由项目经理或者发起人编制
- 在使用凸显模型对干系人进行分类识别时，主要评估干系人的 (37) 。
  (37) A．权力、紧迫性、合法性
       B．权力、影响、利益
       C．利益、知识、贡献
       D．利益、作用、影响
- 下列关于规划过程组的描述，不正确的是 (38) 。
  (38) A．规划过程组明确项目的全部范围
       B．规划一次完成，滚动实施
       C．规划过程组为实现项目目标制定行动方案
       D．定义范围、定义活动、活动排序均属于规划过程组
- 下列 (39) 不属于制订项目管理计划的输出。
  (39) A．范围基准   B．成本基准
       C．项目生命周期   D．工作分解结构（WBS）
- 需求管理计划是项目管理计划的组成部分，描述如何分析、记录和管理需求。需求管理计划的主要内容不包括 (40) 。
  (40) A．如何规划、跟踪和报告各种需求活动
       B．需求优先级排序
       C．反映哪些需求属性将被列入跟踪矩阵等
       D．根据详细的需求说明书创建WBS
- 关于收集需求的说法，不正确的是 (41) 。
  (41) A．收集需求为定义产品范围和项目范围奠定基础
       B．需求将作为后续工作分解结构（WBS）的基础
       C．收集需求的过程只需要项目经理的参与
       D．需求挖掘和记录得越深入、详细，越有利于项目开展
- 项目经理小王在收集需求时，将技术负责人、产品负责人、业务负责人等主要干系人召集在一起研讨，小王采用的是 (42) 技术。
  (42) A．焦点小组   B．引导   C．名义小组   D．头脑风暴
- 对项目团队成员和项目干系人进行培训或辅导，促进其更好地参与项目属于 (43) 过程组。
  (43) A．启动   B．规划   C．执行   D．监督
- 下列 (44) 不属于工作绩效数据。
  (44) A．可交付成果状态   B．进度进展情况
       C．缺陷的数量   D．合同绩效信息
- 项目经理小王发现当前工人的熟练程度不足，有可能会影响项目交付，因此将效率更高的人员替换上去，小王采取的措施属于 (45) 。
  (45) A．纠正措施   B．预防措施   C．缺陷不足   D．更新

- 下列不属于知识管理过程的是 (46) 。
  (46) A．知识应用   B．知识分享   C．知识转移   D．知识产权
- 下列 (47) 工作不属于监控过程组。
  (47) A．确认范围   B．控制范围   C．管理团队   D．实施整体变更控制
- 控制质量过程中使用 (48) 有助于以结构化方式管理控制质量活动。
  (48) A．核对单   B．核查表   C．控制图   D．统计抽样
- 下列关于确认范围的说法，错误的是 (49) 。
  (49) A．确认范围应该贯穿项目的始终
       B．确认范围通过确认每个可交付成果来提高最终产品、服务或成果获得验收的可能性
       C．符合验收标准的可交付成果应该由客户或发起人正式签字批准
       D．确认范围过程通常先于控制质量过程，但二者也可同时进行
- 可用于控制进度过程的数据分析技术不包括 (50) 。
  (50) A．备选方案分析   B．偏差分析
       C．迭代燃尽图   D．趋势分析
- 下列 (51) 不是系统集成项目在验收阶段的工作内容。
  (51) A．验收测试   B．系统升级
       C．系统试运行   D．项目终验
- 收尾过程组旨在核实为完成项目或阶段所需的所有过程组的全部过程均已完成，并正式宣告项目或阶段关闭。下列不属于收尾过程组的工作是 (52) 。
  (52) A．获得所有干系人对项目可交付成果的最终验收，确保项目目标已经实现
       B．把对项目可交付成果的管理和使用责任转移给指定的干系人，如发起人或客户
       C．编制和分发最终的项目绩效报告
       D．全面开展项目后评价，总结经验教训，更新组织过程资产
- 开发文档描述开发过程本身，下列 (53) 不属于开发文档。
  (53) A．可行性研究报告   B．质量保证计划
       C．配置管理计划   D．安全和测试信息
- 下列 (54) 不属于产品文档。
  (54) A．培训手册   B．参考手册和用户指南
       C．软件支持手册   D．需求规格说明
- 下列关于配置项状态的说法，错误的是 (55) 。
  (55) A．配置项刚建立时，其状态为"草稿"
       B．配置项通过评审后，其状态变为"正式"
       C．此后若更改配置项，则其状态变为"修改"
       D．当配置项修改完毕并重新通过评审时，其状态变为"已修改"

D. 项目风险承担者应该能够了解变更的内容
- 在UML中，__(18)__ 将不同的模型元素连接起来，其中的一个类指定了由另一个类保证执行的契约。

  (18) A. 依赖　　　　B. 关联　　　　C. 泛化　　　　D. 实现

- 下列选项中__(19)__ 不属于静态测试。

  (19) A. 桌前检查　　B. 代码走查　　C. 黑盒测试　　D. 代码审查

- 软件过程能力成熟度分为 __(20)__ 级。

  (20) A. 2　　　　　B. 3　　　　　C. 4　　　　　D. 5

- 在数据存储介质中，存储成本低且容量大的是 __(21)__。

  (21) A. 光盘　　　　B. 磁盘　　　　C. 磁带　　　　D. 内存

- 衡量容灾系统能力的主要指标是 __(22)__。

  (22) A. 远程镜像技术　　　　　　　B. RPO和RTO
  　　 C. 异地容灾　　　　　　　　　D. 数据备份策略

- 下列选项中__(23)__ 不属于数据标准化的主要内容。

  (23) A. 元数据标准化　　　　　　　B. 数据元标准化
  　　 C. 数据分类与编码标准化　　　D. 数据模型标准化

- 某大型企业计划实施一个全新的ERP（企业资源计划）系统集成项目，以整合其现有的多个分散管理系统，提升企业管理效率。在该项目的规划和实施过程中，以下描述中__(24)__ 最符合系统集成项目的特点。

  (24) A. 项目团队只需由IT技术人员组成，负责技术层面的整合工作
  　　 B. 项目主要关注单一系统的功能优化，不涉及多个系统的协同工作
  　　 C. 采用大量新技术、前沿技术，乃至颠覆性技术运转工作
  　　 D. 项目实施过程中不会遇到任何风险，只需按照既定计划进行

- 中间件在计算机系统中的作用是 __(25)__。

  (25) A. 中间件是计算机硬件的核心组成部分
  　　 B. 中间件负责直接管理计算机的硬件资源
  　　 C. 中间件为上层应用软件提供运行与开发环境
  　　 D. 中间件是用户与计算机硬件之间的直接接口

- __(26)__ 的结构也不同于其他操作系统，它分布于系统的各台计算机上，能并行地处理用户的各种请求，有较强的容错能力。

  (26) A. 单机操作系统　　　　　　　B. 网络操作系统
  　　 C. 物联网操作系统　　　　　　D. 分布式操作系统

- 网络与信息安全保障体系中的安全管理建设需要满足一定的原则，其中不包括 __(27)__。

  (27) A. 网络与信息安全管理要做到总体策划，确保安全的总体目标和所遵循的原则
  　　 B. 建立相关组织机构，要明确责任部门，落实具体实施部门
  　　 C. 建立应急响应机制，提供对安全事件的技术支持和指导
  　　 D. 实施检查安全管理的措施与审计，主要用于检查安全措施的效果，评估安全措施执行的情况和实施效果

- 访问控制是落实信息安全的重要手段，组织应根据业务和信息安全需求，制定和实施控制信息和相关资产物理和逻辑访问的规则等。这属于信息安全管理的 __(28)__。

  (28) A. 组织控制　　B. 技术控制　　C. 人员控制　　D. 物理控制

- 根据《信息安全等级保护管理办法》，信息系统受到破坏后，会对公民、法人和其他组织的合法权益造成严重损害，或者对社会秩序和公共利益造成损害，但不损害国家安全，属于信息系统安全保护等级的 __(29)__。

  (29) A. 第2级　　　B. 第3级　　　C. 第4级　　　D. 第5级

- 在信息安全的三维模型中，应用开发运营的安全平台位于 __(30)__。

  (30) A. X轴　　　　B. Y轴　　　　C. Z轴　　　　D. 都不是

- 有效的项目管理能够给个人和组织带来巨大帮助，其中不包括 __(31)__。

  (31) A. 终止失败项目　　　　　　　B. 及时应对风险
  　　 C. 确保项目成功　　　　　　　D. 优化资源使用

- 下列关于项目集管理和项目组合管理的说法，错误的是 __(32)__。

  (32) A. 项目组合管理是指为了实现项目目标而对一个或多个项目组合进行的集中管理
  　　 B. 项目组合经理通过项目组合的总体投资效果和实现效益来衡量项目组合的成功
  　　 C. 项目集经理通过协调项目集组件的活动，确保项目集效益按预期实现
  　　 D. 项目组合管理注重于开展"正确"的项目集和项目，即"做正确的事"。

- 下列选项中 __(33)__ 不是项目组合管理的目的。

  (33) A. 确定团队资源分配的优先级
  　　 B. 提高实现预期投资回报的可能性
  　　 C. 管理项目组件之间的依赖关系，达成战略目标
  　　 D. 集中管理所有组成部分的综合风险

- 某公司承接了智慧校园的开发项目，时间紧、任务重，需要给予项目经理较大的权限统筹安排工作，该项目不适用__(34)__ 的组织结构。

  (34) A. 强矩阵型　　B. 职能型　　　C. 混合型　　　D. 项目导向型

- 启动过程组包括两个过程，分别为__(35)__。

  (35) A. 制定项目章程和任命项目经理
  　　 B. 制定项目章程和识别干系人
  　　 C. 定义范围和组建项目团队
  　　 D. 定义范围和识别干系人

- 下列关于项目章程的说法，不正确的是 __(36)__。

  (36) A. 正式批准项目，确立项目的正式地位
  　　 B. 任命并授权项目经理
  　　 C. 项目章程可以在对外时作为合同来达成合作协议

全国计算机技术与软件专业技术资格（水平）考试

系统集成项目管理工程师机考试题终极预测

第3套

基础知识题

- 信息的 (1) 指的是信息在时间上的传递就是存储，在空间上的传递就是转移或扩散。
  - (1) A. 客观性　　　B. 动态性　　　C. 系统性　　　D. 传递性
- 关于信息的特性，下列说法不正确的是 (2) 。
  - (2) A. 不同的认识主体从同一事物中获取的信息及信息量可能是不同的，指的是信息的具有相对性
    - B. 信息可以表示为一种集合，不同类别的信息可以形成不同的整体，指的是信息具有普遍性
    - C. 信息经过处理可以实现变换或转换，使其形式和内容发生变化，以适应特定的需要，指的是信息具有变换性
    - D. 不存在无源的信息，信息都有载体，指的是信息具有依附性
- 以下关于局域网（LAN）的说法， (3) 是正确的。
  - (3) A. 局域网覆盖的地理范围通常超过 100 千米
    - B. 局域网是一种私有网络，通常连接多个城市或国家的计算机
    - C. 局域网内的计算机可以通过路由器连接到广域网
    - D. 局域网仅由计算机设备构成，无须其他网络设备
- 在 OSI 模型中，以下 (4) 是应用层常用的协议之一。
  - (4) A. Ethernet　　　B. IP　　　C. TCP　　　D. SMTP
- 信息安全中的"CIA"三要素指的是 (5) 。
  - (5) A. 可靠性、完整性、可访问性　　　B. 保密性、完整性、可用性
    - C. 保密性、稳定性、可维护性　　　D. 认证性、完整性、授权性
- (6) 不属于服务的典型特征。
  - (6) A. 无形性　　　B. 不可分离性　　　C. 价值性　　　D. 可变性
- IT 服务管理中的能力要素 PPTR 不包括 (7) 。
  - (7) A. 人员（People）　　　B. 过程（Process）
    - C. 技术（Technology）　　　D. 规则（Rules）
- 在部署实施的四个阶段中， (8) 阶段通常涉及详细的时间表、资源分配和风险评估的制定。
  - (8) A. 计划　　　B. 启动　　　C. 执行　　　D. 交付

- 在信息系统物理架构中， (9) 架构模式将数据和应用程序集中在一台或多台高性能服务器上。
  - (9) A. 分布式　　　B. 集中式　　　C. 云计算　　　D. 网格计算
- 以下关于数据架构设计原则描述错误的是 (10) 。
  - (10) A. 数据分层原则，解决层次定位合理性的问题
    - B. 服务于业务原则，有时候可以为了业务的体验放弃之前的某些原则
    - C. 数据架构可扩展性原则，基于分层定位的合理性原则，考虑数据存储模型和数据存储技术
    - D. 数据处理效率原则，尽量增加明细数据的冗余存储和大规模的搬迁操作
- 在规划与设计应用架构时，下列 (11) 原则按照业务功能聚合性进行应用规划，建设与应用组件对应的应用系统，满足不同业务条线的需求，实现专业化发展。
  - (11) A. 业务适配性原则　　　B. 功能专业化原则
    - C. 风险最小化原则　　　D. 资产复用化原则
- 计算机局部区域网络，是一种为单一组织所拥有的专用计算机网络。其特点错误的是 (12) 。
  - (12) A. 覆盖地理范围小，通常在 3.5km 内
    - B. 数据传输速率高（一般在 10Mb/s 以上，典型的可达 1Gb/s 甚至 10Gb/s）
    - C. 低误码率（通常在 10^{-9} 以下），可靠性高
    - D. 支持多种传输介质，支持实时应用
- WPDRRC 模型中的 "C" 代表以下选项中的 (13) 。
  - (13) A. 预警　　　B. 响应
    - C. 恢复　　　D. 反击
- 云原生架构的主要特点不包括 (14) 。
  - (14) A. 弹性与可扩展性　　　B. 紧密耦合的软件元素关系
    - C. 分布式结构　　　D. 高韧性属性
- 在软件工程中，下列选项 (15) 不是软件需求的一个层次。
  - (15) A. 业务需求　　　B. 市场需求　　　C. 用户需求　　　D. 系统需求
- 以下关于质量功能部署（QFD）的描述， (16) 是正确的。
  - (16) A. QFD 主要用于分析产品故障的原因
    - B. QFD 强调技术实现的细节，而不是客户需求
    - C. QFD 起源于美国，并在全球范围内广泛应用
    - D. QFD 将软件需求分为三类，分别是常规需求、期望需求和意外需求
- 以下软件需求变更策略中，不正确的是 (17) 。
  - (17) A. 所有需求变更必须遵循变更控制过程
    - B. 对于未获得批准的变更，不应该做设计和实现工作
    - C. 应该由项目经理决定实现哪些变更

以下 ① 属于项目建议书的内容，② 属于详细可行性研究的内容，③ 属于组织内部的事业环境因素。

  A．项目建设的必要条件
  B．资源可用性
  C．市场需求预测
  D．投资、成本估算与资金筹措
  E．基础设施
  H．经济评价及综合分析
  F．信息技术软件
  G．项目的必要性

试题四（17分）

阅读下列说明，回答【问题1】至【问题3】

某公司承接某创业园区的智慧营销系统项目，项目要求融入全新的 AI 助播和 AI 客服技术。该公司之前未承接过同类的项目，缺乏相关经验，任命刚毕业 年的小杜为项目经理。由于时间紧迫，小杜根据之前跟随项目主管的项目经验，在进行完项目工作分解、人员分工、制定进度和预算工作后独立完成了项目管理计划。

小杜对智慧营销系统项目中如何引入 AI 技术没有经验，他选择将该模块外包。在项目施工期间，园区负责人和小杜沟通希望增加三个功能，小杜觉得工作量不大，就直接让技术人员进行了修改。项目在进行 2 个月时工期紧张，小杜要求项目团队将双休调整为单休，每天工作时间增加2个小时，两周后项目团队核心技术员工小李离职。

【问题1】（7分）
结合案例指出该项目所面临的风险。

【问题2】（6分）
请列出质量管理过程的主要工作。

【问题3】（4分）
填空题（将答案补充填写在答题纸的对应表格内）

风险事件的发生及其后果都具有偶然性，包括风险事件是否发生，何时发生，发生之后会造成什么样的后果等，这是风险的 ① 属性。风险按照后果可以划分为 ② 和 ③，按风险的可预测性划分，风险可以分为 ④、可预测风险和不可预测风险。

全国计算机技术与软件专业技术资格（水平）考试

系统集成项目管理工程师机考试题终极预测
第 2 套

应用技术题

试题一（20分）

阅读下列说明，回答【问题1】至【问题4】

某科技公司任命李工作为项目经理来承接开发一个流量监测系统，该公司将该项目划分为需求确认、规划设计、系统测试和收尾四个阶段，并将各阶段的活动及相关信息整理如下表所示。

开发阶段	活动名称	活动代号	紧前活动	工期（天数） 乐观	工期（天数） 可能	工期（天数） 悲观	预算（万元）
需求确认	职责分工	A	-	2	4	6	1
需求确认	需求收集	B	A	8	11	20	2
规划设计	概念框架	C	B	10	13	22	6
规划设计	框架模型	D	C	4	9	14	12
规划设计	模型评定	E	D	7	12	17	16
系统测试	功能测试	F	E	3	7	11	7
系统测试	性能测试	G	E	5	7	15	6
系统测试	流程测试	H	F、G	8	16	24	8
收尾	项目收尾	I	H	2	5	8	2

【问题1】（8分）

(1) 该项目各阶段的活动工期符合β分布，请计算各活动的工期。
(2) 绘制项目的双代号网络图。

【问题2】（4分）

请确定该项目的关键路径，并计算工期。

【问题3】（5分）

李工在项目进行完第 59 天时进行统计发现：项目已花费 42 万元，整体工作量进度完成了 3/5，请结合案例计算项目的 PV、EV、SV、CV 值（不考虑日工作量差异，计算结果精确到整数）。

【问题4】（3分）

针对项目进展评估项目的绩效。

试题二（18分）

阅读下列说明，回答【问题1】至【问题3】

小崔被集团任命为一个互联网创业园区电子商务系统的项目经理，目前需要采购该项目中的核心基础设备和服务器，考虑到成本和实施技术因素，小崔直接联系了之前合作过的一家科技公司并签订了合同。但在两个月后的一次施工检查中发现，该科技公司在工程施工的很多方面都存在严重的质量问题，同时，网络系统和业务订单系统方面因满足不了实际技术要求需要返工重做，初步估算因返工导致的成本会比合同约定成本至少要高 84%，同时，小崔还发现所签订的合同内容和条款也存在诸多问题，虽然与该科技公司经过多次交涉，但一直未达成解决方案，致使整个项目停滞，影响严重。

【问题1】（6分）

请简述一般的采购步骤流程。

【问题2】（7分）

本案例中体现了小崔在实施采购前未充分制订采购管理计划，请列出采购管理计划应该包含哪些内容。

【问题3】（4分）

本案例中小崔未按规范的招投标方式进行采购导致项目遭受重大影响，请说明招投标方式进行采购时，包含哪些采购过程或环节。

试题三（20分）

阅读下列说明，回答【问题1】至【问题3】

王强是一家信息科技公司的资深员工，多次担任公司项目经理，近期公司负责承建了 A 公司的一个信息系统集成的业务项目，A 公司希望能够通过该项目的成功实施促进营销系统与财务系统融合，优化生产管理系统，提升公司整体生产和运营效率。王强在双方公司签订合同后被任命为该项目的项目经理。当项目启动时，王强依据自己多年的项目工作经验，参照往期的一个项目章程模板编写了该项目的章程，内容包含了高层级项目需求、项目风险、项目目的和项目经理的职责与职权四个方面，在完成章程内容拟定后便进行了签发和通告。当进入规划阶段时，王强召集全体项目团队成员一起参与并制订了项目管理计划，但随着项目的逐步推进，发现很多关键交付产品的交付节点和周期不明确，同时还有很多细节问题没有明确，导致与甲方存在着很大的分歧，双方正陷入僵持状态，问题亟待解决。

【问题1】（6分）

请根据案例提供的内容，指出该项目在管理过程中存在哪些问题。

【问题2】（6分）

项目章程确保干系人在总体上就主要可交付成果、里程碑以及每个项目参与者的角色和职责达成共识，案例中的项目章程内容过于片面，请列出项目章程中应包含的主要内容有哪些。

【问题3】（8分）

将下列正确选项的字母代号，填入题目中对应的空缺处。

- 监控项目工作是跟踪、审查和报告整体项目进展，以实现项目管理计划中确定的绩效目标的过程。该过程的输出不包括 (55) 。
  - (55) A. 变更请求　　　　　　　　B. 项目文件更新
  　　　C. 工作绩效信息　　　　　　D. 工作绩效报告
- 在项目收尾阶段，召开项目总结会议，总结项目实施中的成功和尚需改进之处，属于项目管理中的 (56) 。
  - (56) A. 合同收尾　　　　　　　　B. 管理收尾
  　　　C. 会议收尾　　　　　　　　D. 组织过程资产收尾
- (57) 过程的主要作用是确保所分配的资源可适时、适地地可用于项目。
  - (57) A. 规划资源　　B. 获取资源　　C. 估算活动资源　　D. 控制资源
- 下列 (58) 不属于控制采购过程的工具与技术。
  - (58) A. 工作绩效信息　　　　　　B. 索赔管理
  　　　C. 检查　　　　　　　　　　D. 审计
- 随着项目的开展，项目周会的出席人数一直在下降，如果要鼓励干系人积极参加，项目经理应该查阅 (59) 。
  - (59) A. 沟通管理计划　　　　　　B. 干系人登记册
  　　　C. 人力资源管理计划　　　　D. 干系人参与计划
- 在加权打分法评标中，招标方确定中标者的依据是 (60) 。
  - (60) A. 报价最低　　　　　　　　B. 得分最高
  　　　C. 与所有潜在卖方谈判　　　D. 多轮筛选逐步淘汰
- 研发人员应将正在研发调试的模块，文档和数据元素存入 (61) 。
  - (61) A. 开发库　　B. 产品库　　C. 受控库　　D. 基线库
- 在信息系统的配置管理中，(62) 负责管理和决策整个项目生命周期中的配置活动。
  - (62) A. CCB　　　　　　　　　　　B. 配置经理
  　　　C. 配置管理员　　　　　　　D. 配置项负责人
- 依据变更的性质，可以将变更分为 (63) 、重要变更和一般变更。
  - (63) A. 紧急变更　　B. 重大变更　　C. 标准变更　　D. 特殊变更
- 监理活动有"三控、两管、一协调"，其中"两管"指的是 (64) 。
  - (64) A. 合同管理和信息管理　　　B. 合同管理和文档管理
  　　　C. 信息管理和组织管理　　　D. 质量管理和进度管理
- 下列对各阶段监理服务的基础活动内容的描述，不正确的是 (65) 。
  - (65) A. 在规划阶段，对项目需求、项目计划和初步设计方案进行审查
  　　　B. 在招投标阶段，参与承建合同的签订
  　　　C. 在实施阶段，审查承建单位提交的方案，并协助完善
  　　　D. 验收阶段，促使项目的最终功能和性能符合承建合同、法律法规和标准的要求
- 推荐性国家标准的代号为 (66) 。
  - (66) A. GB　　　B. GB/T　　　C. GSB　　　D. GB/Z
- 下列关于项目管理工程师职业道德规范的说法，错误的是 (67) 。
  - (67) A. 为公司创造价值，为组员创造机会
  　　　B. 积极进行团队建设，公正无私地对待团队成员
  　　　C. 平等地与客户相处
  　　　D. 对项目负管理责任
- 从事职业的人群众多，范围广大，这就决定了职业道德必然具有 (68) 。
  - (68) A. 职业性　　B. 普遍性　　C. 多样性　　D. 行业性
- 法律的约束力体现在 (69) 。
  - (69) A. 时间和空间　　　　　　　B. 对象、时间、空间
  　　　C. 人、事、物　　　　　　　D. 主体、客体、地域
- 职业道德具有影响舆论的特征，体现了职业道德 (70) 的特征。
  - (70) A. 他律性　　B. 行业性　　C. 继承性　　D. 多样性
- In project network diagram, the number of critical path is (71) .
  - (71) A. none　　B. only one　　C. only two　　D. one or more
- (72) is the process of obtaining seller responses, selecting a seller, and awarding a contrast.
  - (72) A. Plan Stakeholder Management　　B. Plan Procurement Management
  　　　C. Conduct Procurements　　　　　　D. Control Procurements
- The characteristics of blockchain do not include (73) .
  - (73) A. centralization　　　　　　B. cannot be tampered with
  　　　C. open consensus　　　　　　D. safe and trustworthy
- (74) is not a key activity in the industrialization of IT services.
  - (74) A. Product service-oriented　　B. Service digitization
  　　　C. Service standardization　　D. Service productization
- In UML, (75) is the semantic relationship between two things, where a change in one thing affects the semantics of the other.
  - (75) A. dependency　　　　　　　　B. association
  　　　C. generalization　　　　　　D. realizaton

● 某项目的网络图如下，活动B的自由浮动时间为 (38) 天，该项目的关键路径有 (39) 条。

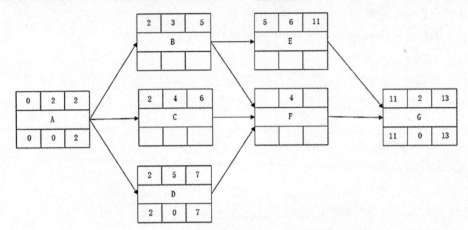

(38) A. 0   B. 1   C. 2   D. 3
(39) A. 4   B. 3   C. 2   D. 1

● 某软件开发项目中 A 活动有两项紧后工作，这两项紧后工作的最早开始时间分别为第 22 天和第 25 天，A 活动的最早开始时间和最迟开始时间分别为第 16 天和第 18 天，如果 A 活动的持续时间为 7 天，则 A 活动的总时差为 (40) 天。

(40) A. 2   B. 3   C. 6   D. 7

● 关于项目日历的描述，不正确的是 (41) 。

(41) A. 一个项目只需一个项目日历来编制项目进度计划
    B. 项目进度计划可能需要对项目日历进行更新
    C. 项目日历规定工作日和工作班次
    D. 项目日历明确可开展活动的时间段

● 下列 (42) 不包含在成本基准范围内。

(42) A. 应急储备   B. 管理储备
    C. 工作包成本估算   D. 活动成本估算

● 在项目前期，项目经理便设计出符合要求的质量管理标准并对相关人员进行培训，由此产生的质量成本属于 (43) 。

(43) A. 预防成本   B. 评估成本
    C. 纠错成本   D. 缺陷成本

● 项目发起人想要知道项目经理建设团队的方法和项目成员的培训策略，他可以从 (44) 中找到。

(44) A. 资源管理计划   B. 项目章程
    C. 项目计划书   D. 成本管理计划

● 为了确保项目能够按时交付，让客户满意，项目经理小王特意将旧生产线进行升级，小王采取的措施属于 (45) 。

(45) A. 纠正措施   B. 预防措施   C. 缺陷不足   D. 更新

● 管理质量过程的主要工作不包括 (46) 。

(46) A. 编制质量管理计划，制定组织的质量政策
    B. 把质量标准和质量测量指标转化成测试与评估文件
    C. 编制质量报告，并向项目干系人报告项目质量绩效
    D. 质量管理持续优化改进

● 项目经理发现当前项目质量有很大问题，严重影响产品交付。项目经理想要识别问题的根本原因，可采用 (47) 。

(47) A. 鱼刺图   B. 直方图   C. 矩阵图   D. 流程图

● 在获取资源过程中，预分派不适用于 (48) 。

(48) A. 在竞标过程中承诺分派特定人员进行项目工作
    B. 具有特定的知识和技能的人员
    C. 项目章程中指定的项目经理
    D. 根据雇佣合同就位的优秀专业人员

● 解决冲突的方法中， (49) 通常会造成"赢-输"的局面。

(49) A. 妥协/调解   B. 缓和/包容   C. 强迫/命令   D. 撤退/回避

● 控制质量过程中使用 (50) 用于合理排列各种事项，以便有效地收集关于潜在质量问题的有用数据。

(50) A. 核对单   B. 核查表   C. 控制图   D. 统计抽样

● 确认范围过程的输入不包括 (51) 。

(51) A. 核实的可交付成果   B. 工作绩效信息
    C. 项目文件   D. 项目管理计划

● 某公司年初搭建门户网站，根据瀑布模型可以将工作分为需求调研、系统实施、系统测试、上线试运行、验收五个阶段，各阶段任务的预算和工期如下表。到第 6 周周末时，对项目进行检查，发现需求调研已经结束，总计花费 2 万元。系统实施进行到了一半，已经花费 16 万元，当前项目进度 (52) ，成本 (53) 。

阶段任务	预算（万元）	工期（周）
需求调研	2	2
系统实施	33	8
系统测试	2.4	3
上线试运行	1.7	2
验收	2.7	1

(52) A. 正常   B. 落后   C. 超前   D. 无法判断
(53) A. 正常   B. 超支   C. 节约   D. 无法判断

● 在控制采购过程中，需要把适当的项目管理过程应用于合同管理，并且需要整合这些过程的输出，以用于对项目的整合管理。合同管理活动不包括 (54) 。

(54) A. 建立可测量的采购绩效指标   B. 完善采购计划和进度计划
    C. 监督项目团队的工作效率   D. 向卖方付款

- 在数据集成的各种方法中，__(19)__ 在构建集成系统时将通过构建全局模式来实现不同数据源的数据共享和互操作。
  - (19) A．批量数据传输集成　　　　B．实时数据同步
  　　　C．模式集成　　　　　　　　D．复制集成
- 在数据分类分级中，下列选项__(20)__不是常见的分类标准。
  - (20) A．按特性分级　　　　　　　B．基于价值
  　　　C．基于敏感程度　　　　　　D．数据的可用性
- __(21)__ 是对信息资源的结构化描述。
  - (21) A．数据元　　B．元数据　　C．数据标准　　D．数据模型
- 在数据保护策略中，数据脱敏的主要目的是__(22)__。
  - (22) A．提高数据处理速度　　　　B．减少数据存储成本
  　　　C．保护敏感信息不被泄露　　D．便于数据的统计分析
- 某市将启动智慧城市项目，该项目包括智慧交通、智慧医疗、智慧物流，这是典型的__(23)__实例。
  - (23) A．项目集　　B．项目组合　　C．组织级项目　　D．项目运营
- 在组织级项目管理中，要求项目组合、项目集、项目三者都要与__(24)__保持一致。其中，__(25)__管理通过设定优先级并提供必要的资源的方式进行项目选择，保证组织内所有项目都经过风险和收益分析。
  - (24) A．组织战略　　B．组织管理　　C．项目目标　　D．项目投资
  - (25) A．项目运营　　B．项目组合　　C．项目集　　D．组织级项目
- 下列关于项目管理办公室PMO的描述，不正确的是__(26)__。
  - (26) A．PMO可以为项目管理提供培训、标准化方针及程序
  　　　B．PMO直接管理和控制项目，通过各种手段要求项目服从
  　　　C．PMO有权在每个项目的生命周期中充当重要干系人和关键决策者
  　　　D．PMO可以终止项目，并根据需要采取其他行动
- 下列__(27)__生命周期适用于已经充分了解并明确需求的项目。
  - (27) A．瀑布型　　B．适应型　　C．迭代型　　D．增量型
- 国家或上级主管部门选择项目的依据是__(28)__。
  - (28) A．项目建议书　　　　B．投资报告书
  　　　C．项目论证报告　　　D．项目说明书
- 下列对可行性研究的说法，错误的是__(29)__。
  - (29) A．初步可行性研究和详细可行性研究的主要研究内容基本一致
  　　　B．详细可行性研究根据项目大小，可繁可简
  　　　C．详细可行性研究报告是项目评估和决策的依据
  　　　D．初步可行性研究对项目的描述不够全面，不能作为正式的文献供项目参考决策
- 项目管理者在坚持"将质量融入过程和成果中"原则时，错误的做法是__(30)__。
  - (30) A．项目成果的质量要求，达到干系人期望并满足项目和产品的需求
  　　　B．质量通过客户的满意度来衡量
  　　　C．尽早识别缺陷并采取预防措施，避免或减少返工和报废
  　　　D．驾驭复杂性项目过程的质量要求，确保项目过程尽可能适当而有效
- 识别干系人是__(31)__的过程。
  - (31) A．启动过程组　　　　B．规划过程组
  　　　C．执行过程组　　　　D．监控过程组
- 下列__(32)__不属于项目章程的主要内容。
  - (32) A．可测量的项目目标和相关的成功标准
  　　　B．项目的总体要求，包括项目的总体范围和总体质量要求
  　　　C．总体里程碑进度计划
  　　　D．项目所选用的生命周期及各阶段将采用的过程
- 下列关于制订项目管理计划的描述，正确的是__(33)__。
  - (33) A．项目管理计划无法确定项目的执行、监控和收尾方式
  　　　B．项目管理计划必须是详细的
  　　　C．项目管理计划不需要基准化
  　　　D．在确定基准之前，可能要对项目管理计划进行多次更新，且这些更新无须遵循正式的流程
- 在收集需求过程中，使用__(34)__对大量创意进行分组，以便进一步审查和分析。
  - (34) A．思维导图　　　　B．头脑风暴
  　　　C．亲和图　　　　　D．关联图
- 创建工作分解结构WBS的步骤包括__(35)__。
  ①确定WBS的结构和编排方案。②确定进度分解规则。③识别和分析可交付成果及相关工作。④自上而下逐层细化分解。⑤核实可交付成果分解的程度是否恰当。⑥定义活动清单。⑦为WBS组件制定和分配标识编码。
  - (35) A．①②③⑤⑥　　　　B．①②④⑥⑦
  　　　C．③①④⑦⑤　　　　D．①③⑤⑥⑦
- "定义活动"过程的输出不包括__(36)__。
  - (36) A．活动清单　　B．范围基准　　C．活动属性　　D．里程碑清单
- 关于箭线图的说法，正确的是__(37)__。
  - (37) A．箭线仅表示各项工作之间的逻辑关系
  　　　B．节点必须编号，此编号为工作的代号
  　　　C．网络图中每一活动和每一事件都必须有唯一的代号
  　　　D．同一节点不允许出现多个紧前事件

全国计算机技术与软件专业技术资格（水平）考试

系统集成项目管理工程师机考试题终极预测

第2套

基础知识题

● 在评估信息质量时，__(1)__ 关注的是信息是否包含了所有必要的信息点，没有遗漏。
(1) A. 精确性　　　　B. 完整性　　　　C. 实时性　　　　D. 可访问性

● 关于信息系统的主要特性，以下 __(2)__ 描述是不正确的。
(2) A. 开放性是指信息系统的可访问性，允许不同用户和系统访问和交互
　　B. 脆弱性是指信息系统在面对威胁和攻击时，不具备足够的保护机制来防止数据丢失或系统崩溃
　　C. 健壮性（鲁棒性）指的是信息系统在出现非预期状态时，能够完全避免任何功能丧失
　　D. 高可用性的信息系统通常会采用冗余技术、容错技术、身份识别技术和可靠性技术等来确保系统的稳定性

● 在现代化基础设施建设中，__(3)__ 最符合绿色和可持续发展的理念？
(3) A. 扩建城市中心道路网络　　　　B. 引入太阳能光伏发电系统
　　C. 增加城市传统公交车数量　　　　D. 升级老旧电力传输线路

● 下列选项中，__(4)__ 是现代通信中用于实现信息高速传输的关键技术之一。
(4) A. 蓝牙技术　　　　　　　　　B. 光纤通信技术
　　C. 无线局域网技术　　　　　　D. 红外线通信技术

● 以下关于对数据库的描述错误的是 __(5)__。
(5) A. 数据库是数据的仓库，是长期存储在计算机内的有组织的、可共享的数据集合
　　B. 数据库的存储空间很大，可以存放百万条、千万条、上亿条数据
　　C. 数据库都随意地将数据进行存放，不影响查询
　　D. 数据库系统可以使用多种类型的外存储器

● 某在线购物平台正在使用人工智能技术优化其推荐系统。以下 __(6)__ 技术最可能被该平台用于分析用户的购买历史和浏览行为，以提供个性化的产品推荐。
(6) A. 自然语言处理　　　　　　　B. 机器学习
　　C. 规则引擎　　　　　　　　　D. 机器人技术

● 组织在服务设计过程中，需要注意识别和控制风险，其中不包括 __(7)__。
(7) A. 技术风险　　B. 管理风险　　C. 成本风险　　D. 可预测风险

● 根据IT服务质量模型的内容，完整性属于 __(8)__ 的子特性。
(8) A. 安全性　　　　B. 有形性　　　　C. 响应性　　　　D. 友好性

● 以下 __(9)__ 不属于信息基础设施的组成部分。
(9) A. 技术基础设施　　　　　　　B. 信息资源设施
　　C. 物流基础设施　　　　　　　D. 管理基础设施

● 在信息系统中，__(10)__ 方式在信息系统整合中强调从上游到下游的供应链或业务流程的全面整合。
(10) A. 横向融合　　B. 纵向融合　　C. 纵横融合　　D. 交叉融合

● 在网络架构设计中，__(11)__ 原则关注的是网络系统和数据的安全性，防止未经授权的访问和篡改。
(11) A. 高可靠性　　B. 高安全性　　C. 可管理性　　D. 平台化

● __(12)__ 不属于软件需求规格说明书的内容。
(12) A. 业务需求的描述　　　　　　B. 用户界面的设计图
　　C. 数据的精确输入/输出要求　　D. 系统性能标准

● 建立数据流图（DFD）的主要目的是 __(13)__。
(13) A. 展示系统的物理结构　　　　B. 详细描述软件的算法流程
　　C. 描述系统的功能需求　　　　D. 展示软件的用户界面设计

● 需要进行预处理的数据不包括 __(14)__。
(14) A. 数据缺失　　B. 数据安全　　C. 数据重复　　D. 数据不一致

● 以下关于操作系统的描述，__(15)__ 是正确的。
(15) A. 操作系统控制和管理整个计算机系统的软件资源，但不包括硬件资源
　　B. 操作系统是用户与计算机硬件之间的唯一接口
　　C. 操作系统的功能不包括处理机管理、存储器管理、设备管理和文件管理
　　D. 操作系统是计算机系统中最基本的系统软件

● 根据《信息安全等级保护管理办法》规定，信息系统受到破坏后，会对社会秩序和公共利益造成特别严重损害，或者对国家安全造成严重损害，属于信息系统安全保护等级的 __(16)__。
(16) A. 第二级　　B. 第三级　　C. 第四级　　D. 第五级

● 下列 __(17)__ 不属于网络安全等级保护2.0管理变更的内容。
(17) A. 降低了对安全管理制度的管理要求，包括版本控制、收发文管理等
　　B. 强化了对自行软件开发的要求，包括安全性测试、恶意代码检测、软件开发活动的管理要求
　　C. 要求某些管理活动由专门部门或人员实施，对某些管理制度的制定做细化要求
　　D. 强化了对账号管理、运维管理、设备报废或重用的管理要求

● 数据完整性服务、数据保密服务在信息安全系统三维空间中的 __(18)__。
(18) A. X轴　　　B. Y轴　　　C. Z轴　　　D. 都不是

【问题3】（6分）

请结合问题2进行回答：

（1）如果按照原计划严格完成项目，请计算出完工尚需估算。

（2）如果以当前绩效完成剩余工作，请计算出完工尚需估算。

（3）如果本项目将继续按照目前的进度实施，那么请计算出项目的最终费用。

【问题4】（8分）

（1）本案例中使用的进度图属于什么图？还能使用什么图表示进度计划？

（2）请说明虚活动的特点和存在的意义。

试题三（14分）

阅读下列说明，回答【问题1】至【问题3】。

某公司承接了地方政府智慧养老社区的建设项目。由于项目工期几度耽搁，在项目最后阶段，项目团队成员加班加点工作了近2个月，团队成员不仅精神疲惫，而且因此耽误了其他项目的很多工作。最终历经5个月的时间，终于完成了系统建设工作，并通过了试运行测试。在项目收尾阶段，项目经理小王与甲方项目负责人简单地对接了项目交付清单，小王认为项目总结会没有实质性的工作内容，不需要全员参与，因此只组织项目各小组长召开项目总结会，随后就解散了项目团队，并告知公司项目结束。

【问题1】（4分）

结合案例，说明小王组织的项目总结会是否恰当，并说明理由。

【问题2】（4分）

结合案例，说明项目总结会应该包含哪些内容。

【问题3】（3分）

结合案例，说明项目总结的意义。

【问题4】（3分）

项目收尾过程组的重点工作分为三部分，分别为＿＿＿＿＿＿、＿＿＿＿＿＿、＿＿＿＿＿＿。

试题四（13分）

阅读下列说明，回答【问题1】至【问题3】。

某市政府拟建设网格化管理执法系统，建设内容包括平台软件开发、手机终端APP开发、网络设备采购、终端采购、基础软件及安全产品采购、信息网络系统建设等内容。该市政府通过公开招标的方式采购该系统，并发布了招标公告。

最终在信息系统建设方面极具实力的A公司中标该项目。由于项目体量过大，A公司计划将项目中平台软件开发的部分再发包给具有相应资质的分包方C公司。

【问题1】（5分）

结合案例，A公司将平台软件开发部分分包给C公司，双方签订项目分包合同，签订该合同的条件是什么？

【问题2】（4分）

请写出"采购管理"包含的主要过程。

【问题3】（4分）

以招投标方式进行的采购，实施采购过程包括四个环节分别为＿＿＿＿＿＿、＿＿＿＿＿＿、＿＿＿＿＿＿、＿＿＿＿＿＿。

全国计算机技术与软件专业技术资格（水平）考试
系统集成项目管理工程师机考试题终极预测
第1套

应用技术题

试题一（22分）

阅读下列说明，回答【问题1】至【问题4】。

随着城市化进程的加速和交通工具的普及，交通问题逐渐成为影响人们生活质量的关键因素。交通拥堵、事故频发等问题不仅耗费了大量的人力、物力资源，还严重影响了城市的正常运行和居民的生活质量。传统的交通监控手段主要依赖人工巡逻和固定摄像头，这种方式存在人力资源浪费、盲区监控、反应时效低等问题，难以满足现代城市交通管理的需求。

为了应对这些挑战，某科技公司计划开发一款全新的智能交通监控系统，该系统整合了先进的信息技术、视频监控技术和通信技术，通过数据采集、处理和分析，实现对交通场景的全方位监控和管理，从而提高交通安全性和交通效率。公司领导要求项目经理小王尽快撰写项目框架性总体设想，并形成项目建议书，提交给上级主管部门。

项目评估通过后，为了确保项目的顺利进行和节约项目时间，项目经理小王根据自身经验直接编制了工作分解结构（WBS）来细化和组织项目工作，由于部分模块外包，因此 WBS 中并未包含外包工作，WBS 的部分内容如下：

工作编号	工作任务	工期	负责人
...	......	......	......
2.1	硬件采购	10天	杨工
2.2	网络建设	7天	李工
...	......	......	......
3.3	系统设计	10天	王工
3.4	程序编码	20天	赵工、张工
...	......	......	......
4	系统测试与验收	10天	王工
5	系统集成	5天	钱工、孙工

同时，小王根据自己多年的项目经验，编制了风险管理计划，将项目所有的风险按照发生时间的先后顺序制订了风险应对计划，并亲自负责各项应对措施的执行，风险及应对措施的部分内容如下：

风险		风险应对措施	
风险①	系统上线后运行不稳定或停机造成业务长时间中断	措施①	系统试运行前开展全面测试
		措施②	成立应急管理小组，制定应急预案
风险②	项目中期人手出现短期不足造成项目延期	措施③	提前从公司其他部门协调人员
风险③	设备到货发生损坏，影响项目进度	措施④	购买高额保险
风险④	人员技能不足	措施⑤	提前安排人员参加原厂技术培训

项目进行到 20 天的时候，公司领导对该系统提出了新的信息化管理要求，小王对新需求做了评估，发现工作量不大，对项目进度没有影响，因此，出于令领导满意的考虑，小王不顾项目成员的反对，直接接受了领导的要求，对系统进行了修改。

【问题1】（8分）

结合案例，请指出项目存在的问题。

【问题2】（4分）

结合案例，请写出项目建议书的内容。

【问题3】（5分）

结合案例，简要说明创建 WBS 的注意事项。

【问题4】（5分）

案例中提到的风险应对措施①~⑤分别采用了什么风险应对策略。

试题二（26分）

阅读下列说明，回答【问题1】至【问题4】。

某信息系统项目包括 4 个阶段：需求分析、系统设计、系统开发和系统测试。每个阶段都包含多个任务。下列用 A、B、C、D、E、F、G、H、I、J、K、L、M、N 表示各阶段的任务活动，项目经理小王对各项任务进行了历时估算并排序，给出了进度计划，如下图：

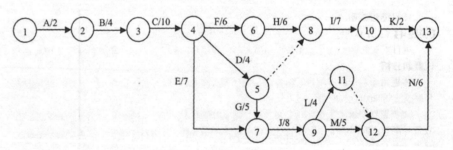

【问题1】（4分）

请指出该项目的关键路径和总工期。

【问题2】（8分）

该项目的基本预算是1000万元。迄今为止，该项目已经持续了 22 天，实际费用支出为 200 万元，而项目完成了 40%，计划价值为 500 万元。请计算出项目当前的 SV、CV、SPI、CPI，并说明项目情况，给出调整改进的方案。

- (71) is the process of monitoring the status of project activities, updating project schedule and managing changes to the schedule baseline.

  (71) A. Estimate Activity Duration B. Define Activities

  C. Develop Schedule D. Control Schedule

- Project managers typically can use project budge, except for (72) .

  (72) A. management reserves B. contingency reserves

  C. direct cost D. indirect cost

- The purposeful activities carried out to ensure that the future performance of project work complies with the project management plan belong to (73) .

  (73) A. defect repair B. corrective measures

  C. repair measures D. preventive measure

- (74) is not a keyword for digital government construction.

  (74) A. Sharing B. Interworking

  C. Facilitate D. Transaction

- (75) do not belong to the new generation of information technology and the full utilization of information resources.

  (75) A. Local area network B. Cloud computing

  C. Big data D. Blockchain

C．改变项目策略　　　　D．加入冗余部件
- 当项目机会出现时，采用（54）的应对策略可以将特定机会出现的概率提高到100%。
  - （54）A．开拓　　B．上报　　C．分享　　D．提高
- 从项目执行组织内部或外部获取项目所需的团队资源和实物资源发生在（55）过程组。
  - （55）A．启动　　B．规划　　C．执行　　D．监督
- 下列关于变更请求的说法，错误的是（56）。
  - （56）A．任何项目干系人都可以提出变更请求
    B．通过实施整体变更控制过程对变更请求进行审查和处理
    C．变更请求是关于修改文件、可交付成果或基准的正式提议
    D．变更请求包括纠正措施、预防措施、缺陷补救、影响分析
- 在项目质量管理过程中，项目经理想对潜在缺陷成因进行分类，展示最应关注的领域，可采用（57）。
  - （57）A．亲和图　　B．直方图　　C．矩阵图　　D．流程图
- 某人采取行动行使某种职权，从而与也想要行使该职权的人产生冲突。这一现象发生在冲突的（58）阶段。
  - （58）A．震荡　　B．规范　　C．感受　　D．呈现
- 项目管理过程中，（59）不属于监控过程组。
  - （59）A．分析绩效偏差的程度和原因，并预测未来绩效
    B．批准、否决或搁置变更请求
    C．及时验收质量合格的可交付成果
    D．执行经批准的风险应对策略和措施
- 在确认范围过程中，每个人对项目范围所关注的方面都是不同的，其中（60）关心项目可交付成果是否足够和必须完成，时间、资金和资源是否足够，以及主要的潜在风险和预备解决的方法。
  - （60）A．项目发起人　　　　B．项目经理
    C．客户　　　　　　　　D．投资人
- 公司项目组承接APP研发任务，项目经理小赵向公司领导汇报目前项目进度，从下表中可看出，当前项目的进度为（61）。

活动	计划值（元）	完成百分比（%）	实际成本（元）
基础设计	20 000	90	10 000
详细设计	50 000	90	60 000
测试	30 000	100	40 000

  - （61）A．提前计划7%　　　　B．落后计划15%
    C．落后计划7%　　　　D．提前计划15%
- 监督干系人参与时，（62）用于确定干系人群体和个人在项目任何特定时间的状态。
  - （62）A．根本原因分析　　B．优先级排序

C．职责分配矩阵　　　　D．干系人分析
- 下列关于实施整体变更控制的说法，错误的是（63）。
  - （63）A．实施整体变更控制过程贯穿项目始终
    B．项目的任何干系人都可以提出变更请求
    C．通常由项目发起人或项目经理批准变更请求
    D．未经批准的变更请求不需要记录在变更日志
- 关于项目验收的描述，不正确的是（64）。
  - （64）A．验收测试工作可以由业主和承建单位共同进行
    B．项目的正式验收包括验收项目产品、文档及已经完成的交付成果
    C．项目最终验收合格标志着信息系统项目所有工作和活动正式结束
    D．信息系统通过验收测试环节后，可以开通系统试运行
- 关于配置管理过程的说法，错误的是（65）。
  - （65）A．所有配置项都应按照相关规定统一编号，并以一定的目录结构保存在CMDB中
    B．所有配置项的操作权限都由配置管理员严格管理
    C．基线配置项向开发人员开放读取的权限；非基线配置项向所有人开放
    D．基线配置项包括设计文档和源程序等；非基线配置项包括项目的各类计划和报告等
- 信息系统工程的监理及相关服务工作应建立在（66）的基础上。
  - （66）A．监理支撑要素　　　　B．监理对象
    C．监理内容　　　　　　D．监理原则
- 信息系统工程监理遵循"三控、两管、一协调"，下列（67）活动属于"两管"范畴。
  - （67）A．监理单位对系统性能进行测试验证
    B．监理单位定期检查、记录工程的实际进度情况
    C．监理单位应妥善保存开工令、停工令
    D．监理单位主持的有建设单位与承建单位参加的监理例会、专题会议
- 在信息系统项目的规划阶段，监理服务的基础活动不包括（68）。
  - （68）A．协助业主单位构建信息系统架构
    B．为业主单位提供详细的施工指导
    C．对项目需求、项目计划和初步设计方案进行审查
    D．协助业主单位策划招标方法，适时提出咨询意见
- （69）是调整国家从社会整体利益出发，对经济活动实行干预、管理或者调控所产生的社会经济关系的法律规范。
  - （69）A．社会法　　B．民法典　　C．宪法　　D．经济法
- 《非急救转运服务规范》标准编号为T/SSFSIDC 003—2022，该文件标准属于（70）。
  - （70）A．行业标准　　　　B．企业标准
    C．团体标准　　　　D．地方标准

C．运行环境可行性分析　　　　D．成本可行性分析

● 国家越来越重视环保，因此汽车生产厂家要开发新能源汽车，要求相关部门进行了初步的可行性研究，下列不是其内容的是 (38)。

(38) A．新能源汽车生产出来后每辆车售价大概是 20 万元
　　 B．新能源汽车需要实验室和中间工厂的实验
　　 C．大概投资 1 亿元
　　 D．项目初期需求分析大概要 1 个月，设计开发大概需要 1 年

● 项目启动会议是一个项目正式启动的工作会议，项目启动会议的工作步骤不包含 (39)。

(39) A．明确议题　　　　　　　　B．识别参会人员
　　 C．发起人组织召开　　　　　D．进行会议记录

● 下列关于制订项目管理计划的描述，不正确的是 (40)。

(40) A．项目管理计划用于确定所有项目工作的基础，因此必须是详细的
　　 B．项目管理计划确定项目的执行、监控和收尾方式
　　 C．制订项目管理计划发生在规划过程组
　　 D．在确定基准之前，对项目管理计划的更新无须遵循正式的流程

● 下列关于范围管理计划的说法，不正确的是 (41)。

(41) A．范围管理计划可以是详细的或高度概括的，但必须是正式的
　　 B．范围管理计划描述将如何定义、制定、监督、控制和确认项目范围
　　 C．编制范围管理计划有助于降低项目范围蔓延的风险
　　 D．范围管理计划确定了如何审批和维护范围基准

● 某公司开发一款新型的健康监测智能 APP，为了评估该 APP 的市场前景和市场需求，项目经理小赵主持召开小组讨论，并邀请医疗保健行业的资深专家薛博士、生物工程专家王博士等参与，小赵采用的方法是 (42)。

(42) A．焦点小组　　　　　　　　B．访谈
　　 C．名义小组　　　　　　　　D．专家判断

● 以下情景，符合 S-S 关系的活动组合是 (43)。

(43) A．新系统上线-旧系统下线　　B．文件编写-文件编辑
　　 C．打地基-盖房　　　　　　　D．播种-施肥

● 在活动排序时经常使用单代号网络图，下列说法不正确的是 (44)。

(44) A．用节点及其编号表示工作，用箭线表示工作间的逻辑关系
　　 B．每项活动有唯一的活动号，每项活动都注明了预计工期
　　 C．用虚活动弥补在表达活动依赖关系方面的不足
　　 D．包含 F-S、F-F、S-S、S-F 四种依赖关系

● 某项目各活动的先后顺序及工作时间如下表所示，活动 B 和 E 的三个数值为三点估算值，则该项目的总工期为 (45) 月。

活动	紧前活动	工期（月）
A	/	2
B	A	3,4,5
C	B	3
D	C	4
E	D	2,8,14
F	E	3

(45) A．23　　　B．24　　　C．22　　　D．21

● 活动 A 最早开始时间为第 5 天，最晚开始时间为第 8 天，最早完成时间为第 10 天，最晚完成时间为第 13 天，则该任务 (46)。

(46) A．在关键路径上　　　　　　B．进度落后
　　 C．不在关键路径上　　　　　D．进展情况良好

● 为了抓紧完工，项目经理小赵采用进度压缩技术加快工期，下列 (47) 属于快速跟进。

(47) A．加强项目干系人之间的交流和沟通，以加快项目的进度
　　 B．充分利用周六、周日或晚上等非工作时间段加班加点
　　 C．设计图纸全部完成前就开始现场施工准备工作
　　 D．增加额外资源，外聘经验和技术纯熟的工程师

● 关于估算成本的描述，错误的是 (48)。

(48) A．估算成本的主要作用是确定项目所需资金
　　 B．在项目生命周期中，估算的准确性会随着项目的进展而逐步提高
　　 C．通货膨胀补贴不在成本估算的范围内
　　 D．项目团队成员学习过程所引起的成本应被计入项目成本中

● 某车企在能满足国标、美标、欧标等法规要求的实验室进行汽车碰撞测试，此项目产生的成本属于 (49)。

(49) A．内部失败成本　　　　　　B．外部失败成本
　　 C．评估成本　　　　　　　　D．预防成本

● 项目发起人无法从资源管理计划中找到 (50)。

(50) A．建设项目团队的方法　　　B．针对项目成员的培训策略
　　 C．团队成员的角色与职责　　D．干系人参与度评估矩阵

● (51) 有助于项目团队考虑单个项目风险的全部可能来源。

(51) A．风险清单　　　　　　　　B．风险检查表
　　 C．风险分解结构　　　　　　D．风险影响矩阵

● 项目经理小赵可以使用 (52) 的技术来确定对项目结果具有最大潜在影响的风险。

(52) A．敏感性分析　　　　　　　B．决策树分析
　　 C．蒙特卡分析　　　　　　　D．概率影响分析

● 在下列应对威胁的举措中，(53) 不属于规避策略。

(53) A．消除威胁的原因　　　　　B．延长进度计划

C．负载均衡管理只关注网络流量的分配，与存储无关
D．存储资源管理主要负责处理存储设备的物理层面问题

● 以下关于数据归档的说法，错误的是 (19) 。
(19) A．数据归档不可逆
B．数据归档一般在业务低峰期进行
C．数据归档将删除生产数据库的数据，造成数据空洞
D．数据归档应与业务策略和分区策略保持一致

● 在常见的数据备份策略中，(20) 是将系统中所有选择的数据对象进行一次全面的备份，而不管数据对象自上次备份之后是否修改过的备份方式。
(20) A．完全备份　　　　　　　　B．差分备份
C．增量备份　　　　　　　　D．渐进式备份

● 下列关于数据模型的说法，错误的是 (21) 。
(21) A．概念模型是依赖于具体的计算机系统的模型
B．概念模型是按用户的观点来对数据和信息进行建模的
C．逻辑模型是在概念模型的基础上确定模型的数据结构的
D．物理模型是在逻辑模型的基础上进行数据库体系结构设计的

● 下列关于数据仓库的说法，正确的是 (22) 。
(22) A．数据仓库是一个面向主题的、集成的、反映实时变化的数据集合
B．数据源是数据仓库系统的核心，包括企业的内部信息和外部信息
C．数据的存储与管理是整个数据仓库的基础
D．OLAP 是数据仓库系统的一个主要应用，支持复杂的分析操作

● (23) 是用于执行 SQL 语句的 Java 应用程序接口，它由 Java 语言编写的类和接口组成。
(23) A．ODBC　　B．JDBC　　C．OLE DB　　D．ADO

● 数据挖掘能够从大量数据中提取隐含在其中的、人们不知道却潜在有用的知识。数据挖掘流程一般为 (24) 。
(24) A．确定分析对象、数据准备、数据挖掘、结果评估、结果应用
B．确定分析对象、数据准备、数据挖掘、数据筛选评估
C．数据集成、数据清洗、数据准备、数据挖掘、数据可视化、数据应用
D．数据集成、数据清洗、数据挖掘、数据分析、数据可视化

● 系统集成项目的特点不包括 (25) 。
(25) A．集成交付队伍虽庞大，但连续性强
B．设计人员高度专业化，且需要具备多元化知识体系
C．通常采用大量新技术，乃至颠覆性技术
D．研制或开发一定量的软、硬件系统

● UML 用关系把事物结合在一起，主要有四种关系，分别为依赖、(26) 、泛化和实现。
(26) A．组合　　B．扩展　　C．关联　　D．包含

● 小赵为公司设计电商系统，他可以使用 (27) 图描述已付款、已发货、已签收等系统状态。
(27) A．E-R　　B．DFD　　C．STD　　D．OOA

● 在信息安全的三维模型中，(28) 从网络中的各个层次提供信息应用系统所需要的安全服务支持。
(28) A．X 轴　　B．Y 轴　　C．Z 轴　　D．都不是

● 根据《信息安全等级保护管理办法》规定，信息系统受到破坏后，会对社会秩序和公共利益造成严重损害，或者对国家安全造成损害，属于信息系统安全保护等级的 (29) 。
(29) A．第二级　　B．第三级　　C．第四级　　D．第五级

● 在 ISO/IEC 27000 系列标准中，从 (30) 几个方面给出了信息安全管理的主要内容。
(30) A．组织、人员、物理、技术　　B．组织、人员、技术、流程
C．人员、技术、配置、流程　　D．人员、技术、工具、物理

● 下列关于项目基础的描述错误的是 (31) 。
(31) A．项目是为创造独特的产品、服务或成果而进行的临时性工作
B．实现项目目标可能会产生一个或多个可交付成果
C．项目所产生的产品、服务或成果具有临时性的特点
D．"临时性" 并不一定意味着项目的持续时间短

● 下列关于项目集和项目组合的说法，不正确的是 (32) 。
(32) A．项目集管理注重项目集组成部分的依赖关系，以确定管理项目的最佳方法
B．项目组合中的项目既可以位于项目集之内，也可以位于项目集之外
C．项目组合中的项目集和项目是彼此依赖或直接相关的
D．在开展项目组合管理时，需要对项目组合组件进行优先级排序

● 在某信息系统开发项目中，项目经理小王专职负责项目管理，统筹调配项目资源，管理项目预算，则该项目的组织结构类型为 (33) 。
(33) A．强矩阵型　　B．职能型　　C．平衡矩阵型　　D．项目型

● 在项目的生命周期中，成本和人员投入水平在 (34) 最高。
(34) A．计划阶段　　B．结束阶段　　C．启动阶段　　D．执行阶段

● 某公司承接一个较为复杂的项目，该项目需求不稳定且持续时间长，客户希望产品能够更快地进入市场抢占先机，而且希望不断得到用户的反馈来验证产品需求和改进功能。在此情况下，该项目更适合采用 (35) 生命周期。
(35) A．瀑布型　　B．适应型　　C．迭代型　　D．增量型

● 项目建议书由 (36) 提交给上级主管部门，是对拟建项目提出的框架性总体设想。
(36) A．项目建设单位　　　　　　B．项目承接单位
C．项目监理单位　　　　　　D．地方人民政府

● 某公司拟定开展智慧物流系统开发项目，该项目开发预计使用到的开发环境、平台、工具以及建立系统使用到的其他资源，都应被写入项目可行性研究报告中的 (37) 。
(37) A．技术可行性分析　　　　　B．经济可行性分析

全国计算机技术与软件专业技术资格（水平）考试

系统集成项目管理工程师机考试题终极预测

第1套

基础知识题

● 下列选项中，关于信息的描述正确的是 (1) 。

(1) A. 信息是物质和能量的总和
 B. 信息仅指能量的属性
 C. 信息是物质、能量及其属性的标示的集合，是确定性的增加
 D. 信息与物质和能量无关，是一种独立存在的实体

● 下列选项中 (2) 不属于信息的质量属性。

(2) A. 精确性　　B. 完整性　　C. 可靠性　　D. 主观性

● 在信息的传输模型中，以下 (3) 不是关键要素。

(3) A. 信源：产生信息的实体
 B. 信道：传送信息的通道
 C. 路由器：在网络中转发数据包的设备
 D. 噪声：在信道中传输信息时可能遇到的干扰

● 智慧城市的核心能力要素不包括 (4) 。

(4) A. 多元融合　　B. 态势感知　　C. 数据治理　　D. 中心决策

● 在计算机硬件中，(5) 是整个计算机的中枢神经。

(5) A. 控制器　　B. 运算器　　C. 存储器　　D. 输入、输出设备

● 在OSI模型中，(6) 负责数据的可靠传输和帧同步。

(6) A. 物理层　　B. 数据链路层　　C. 网络层　　D. 传输层

● 关于算法和密钥的描述，以下选项 (7) 是正确的。

(7) A. 加密算法和解密算法必须是不同的算法，但可以使用相同的密钥
 B. 对称加密算法使用相同的密钥进行加密和解密，非对称加密算法则使用不同的密钥
 C. 公钥加密算法仅使用公钥进行加密和解密，不需要私钥
 D. 加密算法的安全性完全依赖于密钥的长度，与算法本身的复杂性无关

● 在云计算中，(8) 为用户提供了一个开发、测试、部署和管理软件应用程序的平台，而无须购买和维护底层基础设施和操作系统。

(8) A. 基础设施即服务（IaaS）　　B. 平台即服务（PaaS）
 C. 软件即服务（SaaS）　　D. 都不是

● ITSS（信息技术服务标准）定义了IT服务的基本原理，这一原理由 (9) 三要素组成。

(9) A. 技术要素、服务要素、市场要素
 B. 能力要素、生存周期要素、市场要素
 C. 技术要素、生存周期要素、管理要素
 D. 能力要素、生存周期要素、管理要素

● 不属于IT服务标准建设目标的是 (10) 。

(10) A. 支撑国家战略　　B. 引导产业高质量发展
 C. 开拓国际服务市场　　D. 促进新技术应用创新

● 按照信息系统在空间上的拓扑关系，其物理架构主要可分为 (11) 两大类。

(11) A. 集中式和分布式　　B. 本地式和远程式
 C. 私有云和公有云　　D. 实时式和批处理式

● 下列选项 (12) 不是常用的应用架构规划与设计的基本原则。

(12) A. 业务适配性原则　　B. 应用单一化原则
 C. 功能专业化原则　　D. 风险最小化原则

● WPDRRC模型在PDRR模型的基础上增加了 (13) 两个环节。

(13) A. 预警和响应　　B. 预警和反击
 C. 检测和恢复　　D. 管理和策略

● 在面向对象设计中，(14) 原则强调了一个类应该只有一个引起它变化的原因。

(14) A. 单职原则　　B. 开闭原则
 C. 里氏替换原则　　D. 迪米特原则

● 关于软件配置管理，以下说法不正确的是 (15) 。

(15) A. 软件配置管理是一种标识、组织和控制修改的技术
 B. 软件配置管理应用于整个软件工程过程
 C. 软件配置管理目的不是对变更进行管理，而是控制变更的发生
 D. 软件配置管理核心内容包括版本控制和变更控制

● 金丝雀部署与蓝绿部署的主要区别是 (16) 。

(16) A. 金丝雀部署不需要冗余部署，而蓝绿部署需要
 B. 金丝雀部署一次性将所有用户迁移到新版本，而蓝绿部署则逐渐迁移
 C. 金丝雀部署关注新版本的快速迭代，而蓝绿部署关注系统稳定性
 D. 金丝雀部署和蓝绿部署在资源使用上没有明显区别

● 关于数据存储形式，其中 (17) 是处理大量非结构化数据的数据存储架构。这些数据无法轻易组织到具有行和列的传统关系数据库中。

(17) A. 文件存储　　B. 块存储
 C. 云端存储　　D. 对象存储

● 以下关于存储管理描述正确的是 (18) 。

(18) A. 资源调度管理主要负责存储设备的物理故障的检测和恢复
 B. 存储系统的安全主要是防止恶意用户攻击系统或窃取数据

前　言

《软考终极预测（5 套卷）：系统集成项目管理工程师》（以下简称《龙 5》）由曾多次参与**软考命题**工作的薛大龙教授担任主编。薛老师非常熟悉命题形式、命题难度、命题深度和命题重点，了解学生学习过程中的痛点。

《龙 5》是专为参加系统集成项目管理工程师的考生编写的，可用来检查考生考前阶段的复习效果，帮助考生积累临场经验，切实提高应试能力。这 5 套试卷是结合最新考试大纲编写的，与考试知识点非常接近。书中的试题解析可帮助考生掌握考纲要求的知识和技能，掌握考试重点，熟悉试题形式，学会解答问题的方法和技巧，非常适合考生在冲刺阶段模拟自测，查漏补缺，掌握重点和难点。

《龙 5》由薛大龙担任主编，由邹月平、赵德端、上官绪阳、王红担任副主编，全书由薛大龙确定架构，由赵德端统稿，由薛大龙定稿。

薛大龙，中共党员，全国计算机技术与软件专业技术资格（水平）考试（以下简称"软考"）辅导用书编委会主任，北京理工大学博士研究生，多所大学客座教授，北京市评标专家，财政部政府采购评审专家，**曾多次参与全国软考的命题与阅卷**，作为规则研究者，非常熟悉命题要求、命题形式、命题难度、命题深度、命题重点及判卷标准等。

邹月平，软考辅导用书编委会副主任、面授名师，以语言简练、逻辑清晰、善于在试题中把握要点和总结规律，帮助考生快速掌握知识要点而深得学员好评。邹月平主要讲授系统集成项目管理工程师、信息系统项目管理师、系统分析师、系统架构设计师、软件设计师等课程。

赵德端，软考新锐讲师，授课学员近十万人次，专业基础扎实，授课思路清晰，擅长提炼总结高频考点，举例通俗易懂，化繁为简，深知考试套路，熟知解题思路，教学风格生动活泼，灵活有趣，擅长运用口诀联系实际进行授课，充满趣味性，深受学员喜爱。

上官绪阳，软考面授讲师，项目管理经验丰富，具有丰富的企业和高校带教经验，精于知识要点及考点的提炼和研究，方法独特，善于运用生活案例传授知识要点，讲课轻松有趣，易于理解，他颇受学员推崇和好评。

王红，软考资深讲师，PMP、系统集成项目管理工程师，具备丰富的软考和项目管理实战与培训经验，对软考有深入研究，专业知识扎实，授课方法精妙，经常采用顺口溜记忆法和一些常识引发考生的理解与记忆，风格干净利落，温和中不失激情，极富感染力，深受学员好评，非常熟悉题目要求、题目形式、题目难度、题目深度等，曾在北京、上海、广东、湖北等地讲授公开课和进行企业内训。

感谢电子工业出版社博文视点的张彦红编辑和高洪霞编辑，他们在本书的策划、选题的申报、写作大纲的确定以及编辑出版等方面付出了辛勤劳动和智慧。

《龙 5》具有较强的专业性，考生应在考前高效学习《龙 5》，记忆题目中的知识点，并能举一反三。祝各位考生能通过自己的努力，熟练掌握知识点，从而顺利通过考试。

编　者

2024 年于北京

龙五系列

软考
终极预测 5套卷
系统集成项目管理工程师

主 编｜薛大龙
副主编｜邹月平 赵德端 上官绪阳 王 红

全国计算机技术与软件专业技术资格（水平）考试
辅导用书编委会

主　任：薛大龙

副主任：邹月平　姜美荣　胡晓萍

委　员：刘开向　胡　强　朱　宇　杨亚菲
　　　　施　游　孙烈阳　张　珂　何鹏涛
　　　　王建平　艾教春　王跃利　李志生
　　　　吴芳茜　黄树嘉　刘　伟　兰帅辉
　　　　马利永　王开景　韩　玉　周钰淮
　　　　罗春华　刘松森　陈　健　黄俊玲
　　　　孙俊忠　王　红　赵德端　涂承烨
　　　　余成鸿　贾瑜辉　金　麟　程　刚
　　　　唐　徽　刘　阳　马晓男　孙　灏
　　　　陈振阳　赵志军　顾　玲　上官绪阳

电子工业出版社
Publishing House of Electronics Industry
北京·BEIJING

全国计算机技术与软件专业技术资格（水平）考试

系统集成项目管理工程师机考试题终极预测 第1套

基础知识题参考答案/试题解析

（1）参考答案：C

试题解析 A 选项错误。信息不是物质和能量的总和，而是它们及其属性的标示的集合。

B 选项错误。信息不仅指能量的属性，还包括物质和它们的其他属性。

D 选项错误。信息与物质和能量密切相关，不是独立存在的实体。因此，正确答案是 C。

（2）参考答案：D

试题解析 信息的质量属性通常包括精确性（对事物状态描述的精确程度）、完整性（对事物状态描述的全面程度）、可靠性（指信息的来源、采集方法、传输过程是可信任的，符合预期）、及时性（指获取信息的时刻与事件发生时刻的间隔长短）、经济性（指信息获取、传输带来的成本在可接受的范围之内）、可验证性（指信息的主要质量属性可以被证实或者伪造的程度）和安全性（指在信息的生命周期中，信息可以被非授权访问的可能性）。

主观性并不属于信息的质量属性范畴，故选 D。

（3）参考答案：C

试题解析 在信息的传输模型中，通常包含以下几个关键要素。

- 信源：信源是产生信息的实体。
- 编码器：编码器是变换信号的设备，如量化器、压缩编码器和调制器等，还可以包括加密/解密设备。
- 信道：信道是传送信息的通道，如 TCP/IP 网络。
- 噪声：噪声可以理解为干扰。
- 译码器：译码器是编码器的逆变换设备，包括解调器、译码器和数模转换器等。
- 信宿：信宿是信息的归宿或接收者。

C 选项"路由器"虽然在网络通信中起到重要作用，特别是在网络层中负责转发数据包，但它并不是信息传输模型中的关键要素。信息传输模型更侧重于描述信息从信源到信宿的流动过程，包括信息的产生、编码、传输、解码和接收等步骤，而路由器是这一过程中使用的网络设备之一，但并非模型本身的关键组成部分。故选 C。

（4）参考答案：D

试题解析 智慧城市的五个核心能力要素：数据治理；数字孪生；边际决策；多元融合；态势感知。

(5) 参考答案：A

🔑 试题解析　在计算机硬件中：

- 控制器是整个计算机的中枢神经。
- 运算器对数据进行加工处理。
- 存储器包括内存储器（RAM、ROM）、外存储器（硬盘、光盘等）。
- 输入设备将程序、原始数据、文字、字符、控制命令或现场采集的数据等信息输入计算机。
- 输出设备把计算机的中间结果或最后结果、机内的各种数据符号及文字或各种控制信号等信息输出。故选 A。

(6) 参考答案：B

🔑 试题解析　数据链路层控制网络层与物理层之间的通信。它的主要功能是将从网络层接收到的数据分割成特定的可被物理层传输的帧。常见的协议有 IEEE802.3/.2、HDLC、PPP、ATM。

(7) 参考答案：B

🔑 试题解析　A 选项错误，因为对称加密算法使用相同的密钥进行加密和解密，而一些非对称加密算法（如 RSA）也允许使用相同的密钥（私钥）进行解密。但加密算法和解密算法通常是不同的，至少在数学操作上有所区别。

B 选项正确，对称加密算法（如 AES、DES）使用相同的密钥进行加密和解密。而非对称加密算法（如 RSA、ECC）则使用一对密钥：公钥用于加密，私钥用于解密。

C 选项错误，公钥加密算法（如 RSA）使用公钥进行加密，但必须使用匹配的私钥进行解密。

D 选项错误，加密算法的安全性确实与密钥长度有关，因为密钥越长越难被暴力破解。但是，算法本身的复杂性和设计也是安全性的重要因素。一个设计良好的短密钥加密算法可能比一个设计不良的长密钥加密算法更安全。

(8) 参考答案：B

🔑 试题解析　按照云计算服务提供的资源层次，可以分为基础设施即服务（IaaS）、平台即服务（PaaS）和软件即服务（SaaS）三种服务类型。

IaaS 向用户提供计算机能力、存储空间等基础设施方面的服务。这种服务模式需要较大的基础设施投入和长期运营管理经验，其单纯出租资源的盈利能力有限。

PaaS 向用户提供虚拟的操作系统、数据库管理系统、Web 应用等平台化的服务。PaaS 服务的重点不在于直接的经济效益，而更注重构建和形成紧密的产业生态。

SaaS 向用户提供应用软件（如 CRM、办公软件等）、组件、工作流等虚拟化软件的服务，SaaS 一般采用 Web 技术和 SOA 架构，通过 Internet 向用户提供多租户、可定制的应用能力，大大缩短了软件产业的渠道链条，减少了软件升级、定制和运行维护的复杂程度，并使软件提供商从软件产品的生产者转变为应用服务的运营者。

(9) 参考答案：D

🖉 **试题解析** ITSS（Information Technology Service Standards，信息技术服务标准）是指导我国信息技术服务业发展的标准体系，由能力要素、生存周期要素、管理要素组成。其中，能力要素是指 IT 服务提供方应具备的提供满足要求的服务所必需的能力；生存周期要素是指 IT 服务生命周期包括的策划、设计、转换、交付、运行和监控、更新、退役等阶段；管理要素是指 IT 服务在生命周期各阶段，对 IT 服务及其人员、资源、技术和过程进行管理的要求。因此，正确答案是 D。

（10）**参考答案**：C

🖉 **试题解析** ITSS 建设目标主要聚焦在支撑国家战略、引导产业高质量发展、促进新技术应用创新、指导 IT 服务业务升级、确保标准化工作有序开展等方面。

（11）**参考答案**：A

🖉 **试题解析** 根据信息系统在空间上的拓扑关系，物理架构主要可以分为集中式和分布式两大类。

（12）**参考答案**：B

🖉 **试题解析** 常用的应用架构规划与设计的基本原则有：业务适配性原则、应用聚合化原则、功能专业化原则、风险最小化原则、资产复用化原则。

（13）**参考答案**：B

🖉 **试题解析** WPDRRC 模型在 PDRR（保护、检测、响应、恢复）模型的基础上增加了预警（Warning）和反击（CounterAttack）两个环节。

（14）**参考答案**：A

🖉 **试题解析** 单职原则：一个类应该有且仅有一个引起它变化的原因，否则类应该被拆分。

（15）**参考答案**：C

🖉 **试题解析** 软件配置管理目的不是控制变更的发生，而是对变更进行管理，确保变更有序进行。选项 C 说反了。引起变更的因素：外部的变更要求，内部的变更要求。

（16）**参考答案**：A

🖉 **试题解析** 金丝雀部署与蓝绿部署的主要区别在于是否需要冗余部署。蓝绿部署需要部署两个生产环境，一个用于当前稳定版本（蓝环境），另一个用于新版本（绿环境）。而金丝雀部署则只需要一个生产环境，通过逐步引导用户流量到新版本来验证其稳定性。因此，金丝雀部署相对于蓝绿部署来说，在资源使用上更为节约。同时，金丝雀部署允许团队更早地发现和修复问题，因为它们只影响一个小的用户群体。

蓝绿部署是指在部署的时候准备新旧两个部署版本，通过域名解析切换的方式将用户使用环境切换到新版本中，当出现问题的时候，可以快速地将用户环境切回旧版本，并对新版本进行修复和调整。故 B 选项不对。金丝雀部署是指当有新版本发布的时候，先让少量的用户使用新版本，并且观察新版本是否存在问题，如果出现问题，就及时处理并重新发布，如果一切正常，就稳步地将新版本适配给所有的用户。故 C 选项不对。蓝绿部署需要维护两个完全相同的环境，占用资源较多；相比于蓝绿部署，金丝雀部署只需要维护一个环境，节约了资源，故 D 选项不对。

（17）参考答案：D

试题解析 对象存储通常称为基于对象的存储，是处理大量非结构化数据的数据存储架构。这些数据无法轻易组织到具有行和列的传统关系数据库中，或不符合其要求，如电子邮件、视频、照片、网页、音频文件、传感器数据以及其他类型的媒体和 Web 内容（文本或非文本）。

（18）参考答案：B

试题解析 A 选项错误，因为物理故障的检测和恢复通常是存储设备的硬件管理或维护功能，而非资源调度管理的主要职责。

B 选项正确。

C 选项错误，负载均衡管理在存储管理中也扮演重要角色，如将 I/O 请求分发到多个存储设备或存储节点上，以优化存储性能。

D 选项错误，存储资源管理通常涉及存储设备的逻辑层面管理，如存储虚拟化、存储分层等，而非物理层面问题。

（19）参考答案：A

试题解析 数据归档是将不活跃的"冷"数据从可立即访问的存储介质迁移到查询性能较低、低成本、大容量的存储介质中，这一过程是可逆的，即归档的数据可以恢复到原存储介质中。

数据归档策略需要与业务策略、分区策略保持一致，以确保最需要数据的可用性和系统的高性能。

开展数据归档活动时，有以下 3 点值得注意：

1）数据归档一般只在业务低峰期进行。因为数据归档过程需要不断地读写生产数据库这个过程将会大量使用网络，会对线上业务造成压力。

2）数据归档之后，将删除生产数据库的数据，造成数据空洞，即表空间并未及时释放，若长时间没有新的数据填充，会造成空间浪费的情况。

3）如果数据归档影响了线上业务，一定要及时止损，结束数据归档，进行问题复盘，及时找到问题和解决方案。

（20）参考答案：A

试题解析 ①完全备份：每次都对需要进行备份的数据进行全面的备份。当数据丢失时，用完全备份下来的数据进行恢复即可。

②差分备份：每次所备份的数据只是相对于上一次完全备份之后发生变化的数据。

③增量备份：每次所备份的数据只是相对于上一次备份后改变的数据。

（21）参考答案：A

试题解析 概念模型也称为信息模型，它是按用户的观点来对数据和信息进行建模的，也就是说，把现实世界中的客观对象抽象为某一种信息结构，这种信息结构不依赖于具体的计算机系统，也不对应某个具体的数据库管理系统（DBMS），它是概念级别的模型。

（22）**参考答案**：D

🔍**试题解析** 数据仓库是一个面向主题的、集成的、随时间变化的、包含汇总和明细的、稳定的历史数据集合。（A选项错误，不是实时）

数据源是数据仓库系统的基础，是整个系统的数据源泉。（B选项错误）

数据的存储与管理是整个数据仓库系统的核心。（C选项错误）

OLAP（联机分析处理）服务器对分析需要的数据进行有效集成，按多维模型予以组织，以便进行多角度、多层次的分析，并发现趋势。（D选项正确）

（23）**参考答案**：D

🔍**试题解析** JDBC是用于执行SQL语句的Java应用程序接口，它由Java语言编写的类和接口组成。JDBC是一种规范，其宗旨是各数据库开发商为Java程序提供标准的数据库访问类和接口。使用JDBC能够方便地向任何关系数据库发送SQL语句。同时，采用Java语言编写的程序不必为不同的系统平台、不同的数据库系统开发不同的应用程序。

（24）**参考答案**：A

🔍**试题解析** 数据挖掘流程一般包括确定分析对象、数据准备、数据挖掘、结果评估与结果应用5个阶段。

（25）**参考答案**：A

🔍**试题解析** 典型的系统集成项目具备以下特点：

- 集成交付队伍庞大，且往往连续性不是很强；
- 设计人员高度专业化，且需要具备多元化知识体系；
- 涉及众多承包商或服务组织，且普遍分散在多个地区；
- 通常需要研制或开发一定量的软、硬件系统，尤其是信创产品和信创系统的适配与系统优化；
- 通常采用大量新技术、前沿技术，乃至颠覆性技术；
- 集成成果使用越来越友好，集成实施和运维往往变得更加复杂。

（26）**参考答案**：C

🔍**试题解析** UML用关系把事物结合在一起，主要有4种关系：依赖、关联、泛化和实现。

1）依赖（Dependency）。依赖是两个事物之间的语义关系，其中一个事物发生变化会影响另一个事物的语义。

2）关联（Association）。关联是指一种对象和另一种对象有联系。

3）泛化（Generalization）。泛化是一般元素和特殊元素之间的分类关系，描述特殊元素的对象可替换一般元素的对象。

4）实现（Realization）。实现将不同的模型元素（例如，类）连接起来，其中的一个类指定了由另一个类保证执行的契约。

（27）**参考答案**：C

🔑**试题解析**　行为模型：用状态转换图（STD）表示，STD 通过描述系统的状态和引起系统状态转换的事件，来表示系统的行为，指出作为特定事件的结果将执行哪些动作（例如，处理数据等）。

（28）**参考答案**：C

🔑**试题解析**　由 X、Y、Z 三个轴形成的信息安全系统三维空间就是信息系统的"安全空间"。

X 轴是"安全机制"。安全机制可以理解为提供某些安全服务，利用各种安全技术和技巧，所形成的一个较为完善的结构体系。如"平台安全"机制，实际上就是指安全操作系统、安全数据库、应用开发运营的安全平台以及网络安全管理监控系统等。

Y 轴是"OSI 网络参考模型"。信息安全系统的许多技术、技巧都是在网络的各个层面上实施的，离开网络，信息系统的安全就失去了意义。

Z 轴是"安全服务"。安全服务就是从网络中的各个层次提供信息应用系统所需要的安全服务支持，如对等实体认证服务、数据完整性服务、数据保密服务等。

（29）**参考答案**：B

🔑**试题解析**　《信息安全等级保护管理办法》将信息系统的安全保护等级分为以下 5 级。

第一级：会对公民、法人和其他组织的合法权益造成损害，但不损害国家安全、社会秩序和公共利益。

第二级：会对公民、法人和其他组织的合法权益造成严重损害，或者对社会秩序和公共利益造成损害，但不损害国家安全。

第三级：会对社会秩序和公共利益造成严重损害，或者对国家安全造成损害。

第四级：会对社会秩序和公共利益造成特别严重损害，或者对国家安全造成严重损害。

第五级：会对国家安全造成特别严重损害。

（30）**参考答案**：A

🔑**试题解析**　信息安全管理涉及信息系统治理、管理、运行、退役等各个方面，其管理内容往往与组织治理和管理水平以及信息系统在组织中的作用与价值等方面相关，在 ISO/IEC 27000 系列标准中，给出了组织、人员、物理和技术方面的控制参考，这些控制参考是组织需要进行策划、实施和监测信息安全管理的主要内容。

（31）**参考答案**：C

🔑**试题解析**　临时性一般不适用于项目所产生的产品、服务或成果。项目的临时性是指项目有明确的起点和终点。虽然项目是临时性的工作，但是其可交付成果可能会在项目终止后依然存在。例如，国家纪念碑的建设项目就是要创造一个可以流传百世的建筑。因此选择 C。

（32）**参考答案**：C

● 试题解析　项目组合是指为实现战略目标而组合在一起管理的项目、项目集、子项目组合和运营工作。项目组合管理是指为了实现战略目标而对一个或多个项目组合进行的集中管理。项目组合中的项目集和项目不一定存在彼此依赖或直接相关的关联关系。因此选 C。

（33）参考答案：A

● 试题解析　在强矩阵型组织结构中，项目经理的角色为全职，项目预算管理人为项目经理，资源可用性为中到高。这道题小王作为项目经理，是专职、能够统筹资源和管理预算，因此可以判断该组织结构类型为强矩阵型，因此选 A。

（34）参考答案：D

● 试题解析　通用的生命周期结构具有以下两方面的主要特征：①成本与人员投入水平在开始时较低，在工作执行期间达到最高，并在项目快要结束时迅速回落。②风险与不确定性在项目开始时最大，并在项目的整个生命周期中随着决策的制定与可交付成果的验收而逐步降低；做出变更和纠正错误的成本随着项目越来越接近完成而显著增高。成本与人员投入水平在执行阶段达到最高，因此选 D。

（35）参考答案：B

● 试题解析　该项目需求不稳定且持续时间长，需要更快地进入市场，不断得到用户的反馈来验证产品需求并改进功能。敏捷开发的优势是适应易变的需求、快速交付和持续反馈。选项 D 适应型是四个选项中与题干场景最吻合的。

瀑布型也就是预测型，对任何范围的变更都要进行仔细管理，所以不合适。

迭代型和增量型并不同时具备更快的频率和更早的交付能力。

（36）参考答案：A

● 试题解析　立项申请，又称为项目建议书，是项目建设单位向上级主管部门提交项目申请时所必需的文件，是该项目建设筹建单位根据国民经济的发展、国家和地方中长期规划、产业政策、生产力布局、国内外市场、所在地的内外部条件、组织发展战略等，提出的某一具体项目的建议文件，是对拟建项目提出的框架性总体设想。

（37）参考答案：A

● 试题解析　技术可行性分析是指在当前的技术、产品条件限制下，分析能否利用现在拥有的及可能拥有的技术能力、产品功能、人力资源来实现项目的目标、功能、性能，能否在规定的时间期限内完成整个项目。

技术可行性分析一般应考虑的因素如下。

①进行项目开发的风险：在给定的限制范围和时间期限内，能否设计出预期的系统，并实现必需的功能和性能；

②人力资源的有效性：可以用于项目开发的技术人员队伍是否可以建立，是否存在人力资源不足、技术能力欠缺等问题，是否可以在社会上或者通过培训获得所需要的熟练技术人员；

③技术能力的可能性：相关技术的发展趋势和当前所掌握的技术是否支持该项目的

开发，是否存在支持该技术的开发环境、平台和工具；

④物资（产品）的可用性：是否存在可以用于建立系统的其他资源，如一些设备及可行的替代产品等。

⑤技术可行性分析往往决定了项目的方向，一旦技术人员在评估技术可行性分析时估计错误，将会出现严重的后果，造成项目根本上的失败。

（38）参考答案：B

🔖试题解析 初步可行性研究的主要内容包括：

①需求与市场预测包括客户和服务对象需求分析预测，营销和推广分析，如初步的销售量和销售价格预测；

②设备与资源投入分析：包括从需求、设计、开发、安装、实施到运营的所有设备与材料的投入分析；

③空间布局：如网络规划、物理布局方案的选择；

④项目设计：包括项目总体规划、信息系统设计和设备计划、网络工程规划等；

⑤项目进度安排：包括项目整体周期、里程碑阶段划分等；

⑥项目投资与成本估算：包括投资估算、成本估算、资金渠道及初步筹集方案等。

实验室和中间工厂的实验是辅助研究的内容。因此选 B。

（39）参考答案：C

🔖试题解析 项目启动会议通常由项目经理负责组织和召开，也标志着对项目经理责权的定义结果的正式公布。项目启动会议通常包括如下 5 个工作步骤：确定会议目标、会议准备、识别参会人员、明确议题、进行会议记录。

（40）参考答案：A

🔖试题解析 项目管理计划确定项目的执行、监控和收尾方式，其内容会根据项目所在的应用领域和复杂程度的不同而不同（B 选项正确）。

项目管理计划可以是概括的或详细的，每个组成部分的详细程度都取决于具体项目的要求。（A 选项不正确）

项目管理计划应基准化，即至少应规定项目的范围、时间和成本方面的基准，以便据此考核项目执行情况和管理项目绩效。在确定基准之前，可能要对项目管理计划进行多次更新，且这些更新无须遵循正式的流程（D 选项正确）。但是，一旦确定了基准，就只能通过提出变更请求、实施整体变更控制过程进行更新。在项目收尾之前，项目管理计划需要通过不断更新来渐进明细，并且这些更新需要得到控制和批准。制订项目管理计划发生在规划过程组（C 选项正确）。

（41）参考答案：A

🔖试题解析 根据项目需要，范围管理计划可以是正式或非正式的，非常详细或高度概括的。

（42）参考答案：A

🔖试题解析 A 选项焦点小组：召集预定的干系人和主题专家，了解他们对所讨论的产品、服务或成果的期望和态度。由一位受过训练的主持人引导大家进行互动式讨论。

B选项访谈：通过与干系人直接交谈，来获取信息的正式或非正式的方法。访谈的典型做法是向被访者提出预设和即兴的问题，并记录他们的回答。

C选项名义小组：这是群体创新技术中的一种方法，是用来筛选头脑风暴会议结果的。通过对头脑风暴结果的投票（或权威决策）进行取舍，开展下一轮头脑风暴或开展其他活动。着重于对结果的筛选。

D选项专家判断：寻求有关领域专家的建议和意见，以便更好地理解需求。

（43）参考答案：D

👉**试题解析** 新系统上线-旧系统下线（S-F），只有启动新系统，旧系统才能完成下线。

文件编写-文件编辑（F-F），只有先完成文件的编写，才能完成文件的编辑。

打地基-盖房（F-S），只有先打好地基，才能开始盖房。

播种-施肥（S-S），只有开始播种了，才能开始施肥。

（44）参考答案：C

👉**试题解析** 单代号网络图用箭线表示活动的逻辑顺序，没有虚活动。

（45）参考答案：B

👉**试题解析** B的工期=(3+4×4+5)/6=4；E的工期=(2+4×8+14)/6=8；关键路径为ABCDEF，总工期=2+4+3+4+8+3=24。

（46）参考答案：A

👉**试题解析** 关键活动（关键路径上的活动）的总时差是0。

总时差TF=最晚开始时间–最早开始时间，也等于最晚完成时间–最早完成时间。

TF=LS–ES=LF–EF=8–5=13–10=3

因为总时差不等于0，所以可以判断其不在关键路径上，但无法判断活动进展情况。

（47）参考答案：C

👉**试题解析** 赶工：是通过增加资源，以最小的成本代价来压缩进度工期的一种技术。赶工的例子包括：批准加班、增加额外资源或支付加急费用来加快关键路径上的活动。赶工只适用于那些通过增加资源就能缩短持续时间的且位于关键路径上的活动。但赶工并非总是切实可行的，因为它可能导致风险和/或成本的增加。

快速跟进：是一种进度压缩技术，将正常情况下按顺序进行的活动或阶段改为至少部分并行开展。例如，在大楼的建筑图纸尚未全部完成前就开始建地基。快速跟进可能造成返工和风险增加，所以它只适用于能够通过并行活动来缩短关键路径上的项目工期的情况。若进度加快而使用提前量，通常会增加相关活动之间的协调工作，并增加质量风险。快速跟进还有可能增加项目成本。

（48）参考答案：C

👉**试题解析** 估算成本是对完成项目工作所需资金进行近似估算的过程。本过程的主要作用是确定项目所需的资金。在项目生命周期中,估算的准确性会随着项目的进展而逐步提高。进行成本估算,应该考虑针对项目收费的全部资源,一般包括人工、材料、设备、服务、设施,以及一些特殊的成本种类,如通货膨胀补贴、融资成本或应急成本。成本估算可以在活动层级呈现,也可以通过汇总形式呈现。

(49) 参考答案:C

🍃试题解析 质量成本:包含以下一种或多种成本。

①预防成本:预防特定项目的产品、可交付成果或服务质量低劣所带来的成本。

②评估成本:评估、测量、审计和测试特定项目的产品、可交付成果或服务所带来的成本。

③失败成本(内部/外部):因产品、可交付成果或服务与干系人需求或期望不一致而导致的成本。

一致性成本	不一致性成本
预防成本 (打造某种高质量产品) • 培训 • 文件过程 • 设备 • 完成时间 **评估成本** (评估质量) • 测试 • 破坏性试验损失 • 检查	**内部失败成本** (项目中发现的失败) • 返工 • 报废 **外部失败成本** (客户发现的失败) • 债务 • 保修工作 • 失去业务
项目花费资金规避失败	项目前后花费的资金(由于失败)

(50) 参考答案:D

🍃试题解析 资源管理计划的内容主要包括:

①识别资源:用于识别和量化项目所需的团队和实物资源的方法。

②获取资源:关于如何获取项目所需的团队和实物资源的指南。

③角色与职责:项目中某人承担的角色与职责。

④项目组织图:以图形方式展示项目团队成员及其报告关系。

⑤项目团队资源管理:关于如何定义、配备、管理和最终遣散项目团队资源的指南。

⑥培训:针对项目成员的培训策略。

⑦团队建设:建设项目团队的方法。

⑧资源控制:依据需要确保实物资源充足可用,并为项目需求优化实物资源采购而采用的方法。包括有关整个项目生命周期期间的库存、设备和用品管理的信息。

⑨认可计划：将给予团队成员哪些认可和奖励，以及何时给予。

（51）**参考答案**：C

试题解析 风险分解结构有助于项目团队考虑单个项目风险的全部可能来源，对识别风险或归类已识别风险特别有用。

（52）**参考答案**：A

试题解析 敏感性分析：有助于确定哪些单个项目风险或不确定性来源对项目结果具有最大的潜在影响。敏感性分析的结果通常用龙卷风图来表示。

（53）**参考答案**：D

试题解析 风险规避是指项目团队采取行动来消除威胁，或保护项目免受威胁的影响。它可能适用于发生概率较高，且具有严重负面影响的高优先级的威胁。规避策略可能涉及变更项目管理计划的某些方面，或改变会受负面影响的目标，以便于彻底消除威胁，将它的发生概率降低到零。风险责任人也可以采取措施，来分离项目目标与风险万一发生的影响。规避策略可能包括消除威胁的原因、延长进度计划、改变项目策略，或缩小范围。有些风险可以通过澄清需求、获取信息、改善沟通或取得专有技能来加以规避。

（54）**参考答案**：A

试题解析 如果组织想确保把握住高优先级的机会，就可以选择开拓策略。此策略将特定机会出现的概率提高到100%确保其肯定出现，从而获得与其相关的收益。开拓措施可能包括：把组织中最有能力的资源分配给项目来缩短完工时间，或采用全新技术或技术升级来节约项目成本并缩短项目持续时间。

（55）**参考答案**：C

试题解析 执行过程组需要开展以下11类工作。

1）按照资源管理计划，从项目执行组织内部或外部获取项目所需的团队资源和实物资源。

2）对于团队资源，组建、建设和管理团队。对于实物资源，将其在正确的时间分配到正确的工作上。

3）按照采购计划开展采购活动，从项目执行组织外部获取项目所需的资源、产品或服务。

4）领导团队按照计划执行项目工作，随时收集能真实反映项目执行情况的工作绩效数据，并完成符合范围、进度、成本和质量要求的可交付成果。

5）开展管理质量过程相关工作，有效执行质量管理体系。

6）执行经批准的变更请求，包括纠正措施、缺陷补救和预防措施。

7）执行经批准的风险应对策略和措施，降低威胁对项目的影响，提升机会对项目的影响。

8）执行沟通管理计划，管理项目信息的流动，确保干系人了解项目情况。

9）执行干系人参与计划，维护与干系人之间的关系，引导干系人的期望，促进其积极参与和支持项目。

10）开展管理项目知识过程相关工作，促进团队成员利用现有知识，并形成新知识，进行知识分享和知识转移，促进本项目顺利实施和项目执行组织的发展。

11）对项目团队成员和项目干系人进行培训或辅导，促进其更好地参与项目。

（56）**参考答案：D**

🖉**试题解析** 变更请求可能包括：

- 纠正措施：为使项目工作绩效重新与项目管理计划一致，进行的有目的的活动。
- 预防措施：为确保项目工作的未来绩效符合项目管理计划，进行的有目的的活动。
- 缺陷补救：为了修正不一致产品或产品组件进行的有目的的活动。
- 更新：对正式受控的项目文件或计划等进行的变更，以反映修改或增加的意见或内容。

（57）**参考答案：A**

🖉**试题解析** ①亲和图用于根据其亲近关系对缺陷成因进行归类，展示最应关注的领域。

②因果图也叫鱼刺图或石川图，用来分析导致某一结果的一系列原因，有助于人们培养创造性、系统性思维，找出问题的根源。它是进行根本原因分析的常用方法。

③流程图展示了引发缺陷的一系列步骤，用于完整地分析某个或某类质量问题产生的全过程。

④直方图是一种显示各种问题分布情况的柱状图。每个柱子都代表一个问题，柱子的高度代表问题出现的次数。直方图可以展示每个可交付成果的缺陷数量、缺陷成因的排列、各个过程的不合规次数，或项目与产品缺陷的其他表现形式。

⑤矩阵图在行列交叉的位置展示因素、原因和目标之间的关系强弱。

⑥散点图是一种展示两个变量之间的关系的图形，它能够展示两支轴的关系，一般一支轴表示过程、环境或活动的任何要素，另一支轴表示质量缺陷。

（58）**参考答案：D**

🖉**试题解析** 冲突的发展划分成如下5个阶段。

①潜伏阶段：冲突潜伏在相关背景中，例如，对两个工作岗位的职权描述存在交叉。

②感知阶段：各方意识到可能发生冲突，例如，人们发现了岗位描述中的职权交叉。

③感受阶段：各方感受到了压力和焦虑，并想要采取行动来缓解压力和焦虑。例如，某人想要把某种职权完全归属于自己。

④呈现阶段：一方或各方采取行动，使冲突公开化。例如，某人采取行动行使某种职权，从而与也想要行使该职权的人产生冲突。

⑤结束阶段：冲突呈现之后，经过或长或短的时间，得到解决。例如，该职权被明确地归属于某人。

（59）**参考答案：D**

试题解析 执行经批准的风险应对策略和措施属于执行过程组。

监控过程组需要开展以下11类工作。

①把执行情况和计划进行比较，分析项目绩效（包括范围绩效、进度绩效、成本绩效和质量绩效），识别和量化绩效的偏差。

②分析绩效偏差的程度和原因，并预测未来绩效。

③基于分析和预测结果（如果超出了控制临界值），提出变更请求，包括纠正措施、缺陷补救措施建议、计划修改建议和预防措施建议。

④根据变更管理计划的规定，对变更请求进行综合评审，做出批准、否决或搁置等决定。

⑤除了为实现项目的既定目标而管理项目变更，还要从确保项目继续符合商业需要的高度来管理项目变更，提出修改项目目标的变更请求，并报变更控制委员会审批。

⑥及时查看和处理随同项目执行而记录的问题日志中的各种问题，最小化这些问题对项目的不利影响。

⑦及时检查已完成的可交付成果的质量，并及时验收质量合格的可交付成果，确保项目可交付成果能够满足项目要求，实现组织变革和创造商业价值。

⑧监控团队成员和干系人对项目的参与情况，确保有利于项目成功。

⑨监控项目采购活动，确保采购工作有利于项目目标的实现。

⑩既要监控单个项目风险，又要监控整体项目风险，还要监控风险管理工作的有效性，以便降低对项目目标的威胁，增大实现项目目标的机会。

⑪不断总结经验教训，以便持续改进。

（60）**参考答案：B**

试题解析 确认范围主要是项目干系人（例如，客户、发起人等）对项目的范围进行确认和接受的工作，每个人对项目范围所关注的方面都是不同的，主要体现在以下4个方面。

①管理层主要关注项目范围：是指范围对项目的进度、资金和资源的影响，这些因素是否超过了组织承受范围，是否在投入产出上具有合理性。在确认范围工作进行之后，管理层可能会取消该项目，这可能是因为项目范围太大，造成对时间、资金和资源的占有远远大于管理层的预计或者组织的承受能力。更多的情况是要求项目团队压缩范围以满足进度、资金和资源的限制。

②客户主要关注产品范围：关心项目的可交付成果是否足够完成产品或服务。有些项目的产品经理就是客户，在这种情况下，可减少项目团队对产品理解的失误的可能性，降低项目的风险。在项目中，客户往往有在当前版本中加入所有功能和特征的意愿，这对于项目来说是一种潜在的风险，会给组织和客户带来危害和损失。

③项目经理主要关注项目制约因素：关心项目可交付成果是否足够和必须完成，时间、资金和资源是否足够，以及主要的潜在风险和预备解决的方法。

④项目团队成员主要关注项目范围中自己参与的元素和负责的元素；通过定义范围中的时间检查自己的工作时间是否足够，自己在项目范围中是否有多项工作，而这些工作是否有冲突的地方。如果项目团队成员估计某些可交付成果无法在确定的时间完成，需要提出自己的意见。

（61）参考答案：C

试题解析　$PV = 20\,000 + 30\,000 + 50\,000 = 100\,000$

$EV = 20\,000 \times 90\% + 50\,000 \times 90\% + 30\,000 \times 100\% = 93\,000$

$SPI = EV/PV = 93\,000/100\,000 = 0.93$

$SPI < 1$，所以进度落后，$(1-0.93) \times 100\% = 7\%$

（62）参考答案：D

试题解析　适用于监督干系人参与过程的数据分析技术主要包括：

①备选方案分析。在干系人参与效果没有达到期望要求时，应该开展备选方案分析，评估应对偏差的各种备选方案。

②根本原因分析。开展根本原因分析，确定干系人参与未达预期效果的根本原因。

③干系人分析。确定干系人群体和个人在项目任何特定时间的状态。

（63）参考答案：D

试题解析　实施整体变更控制过程贯穿项目始终，项目经理对此承担最终责任。在整个项目生命周期的任何时间，参与项目的任何干系人都可以提出变更请求。尽管变更可以口头提出，但所有变更请求都必须以书面形式记录，并纳入变更管理和（或）配置管理系统中。

在变更请求可能影响任一项目基准的情况下，都需要开展正式的整体变更控制过程。每项记录在案的变更请求都必须由一位责任人批准、推迟或否决，这个责任人通常是项目发起人或项目经理。未经批准的变更请求也应该记录在变更日志中。

（64）参考答案：C

试题解析　项目的正式验收包括验收项目产品、文档及已经完成的交付成果。对于系统集成项目，一般需要执行正式的验收测试工作。验收测试工作可以由业主和承建单位共同进行，也可以由第三方公司进行，但无论哪种方式都需要以项目前期所签署的合同以及相关的支持附件作为依据进行验收测试，而不得随意变更验收测试的依据。对于那些发生了重大变更的系统集成项目，则应以变更后的合同及其附件作为验收测试的主要依据。

信息系统通过验收测试环节以后，可以开通系统试运行。

项目最终验收合格后，应该由双方的项目组撰写验收报告提请双方工作主管认可。这标志着项目组开发工作的结束和项目后续活动的开始。因此选C。

（65）参考答案：C

试题解析　所有配置项的操作权限都应由配置管理员严格管理，基本原则是：基线配置项向开发人员开放读取的权限；非基线配置项向项目经理、CCB及相关人员开放。

（66）**参考答案**：A

　试题解析　信息系统工程监理的技术参考模型由四部分组成，即监理支撑要素、监理运行周期、监理对象和监理内容。参考模型表明，信息系统工程的监理及相关服务工作应建立在监理支撑要素的基础上，根据工程项目的需要，对监理运行周期的规划设计部分，提供相关信息技术咨询服务；在部署实施和运行维护部分，结合各项监理内容，对监理对象进行监督管理及提供相关信息技术服务。

（67）**参考答案**：C

　试题解析　两管。两管是指信息系统工程合同管理、信息系统工程信息管理。A选项"监理单位对系统性能进行测试验证"属于信息系统工程质量控制；B选项"监理单位定期检查、记录工程的实际进度情况"属于信息系统工程进度控制；C选项"监理单位应妥善保存开工令、停工令"属于信息系统工程信息管理；D选项"监理单位主持的有建设单位与承建单位参加的监理例会、专题会议"属于在信息系统工程实施过程中协调有关单位及人员间的工作关系。

（68）**参考答案**：B

　试题解析　规划阶段监理服务的基础活动主要包括：①协助业主单位构建信息系统架构；②为业主单位提供项目规划设计的相关服务，为业主单位决策提供依据；③对项目需求、项目计划和初步设计方案进行审查；④协助业主单位策划招标方法，适时提出咨询意见。

（69）**参考答案**：D

　试题解析　经济法是调整国家从社会整体利益出发，对经济活动实行干预、管理或者调控所产生的社会经济关系的法律规范。

（70）**参考答案**：C

　试题解析　强制性国家标准的代号为"GB"；推荐性国家标准的代号为"GB/T"；团体标准代号为"T"；企业标准代号为"Q"。

（71）**参考答案**：D

　试题解析　题意翻译：__（71）__是监督项目活动状态，更新项目进展，管理进度基准变更，以实现计划的过程。

A. 估算活动持续时间　　　B. 定义活动　　　C. 开发进度　　　D. 控制进度

解析：控制进度是监督项目状态，以更新项目进度和管理进度基准变更的过程。

（72）**参考答案**：A

　试题解析　题意翻译：项目经理通常可以使用项目预算，除了__（72）__。

A. 管理储备　　　　　B. 应急准备　　　　C. 直接成本　　　D. 间接成本

解析：管理储备用来应对会影响项目的"未知-未知"风险。管理储备不包括在成本基准中，但属于项目总预算和资金需求的一部分，使用前需要得到高层管理者审批。

（73）**参考答案**：D

　试题解析　题意翻译：为确保项目工作的未来绩效符合项目管理计划而进行的有

目的的活动属于 (73) 。

　　A. 缺陷补救　　　　B. 纠正措施　　　　C. 修复措施　　　D. 预防措施

(74) 参考答案：D

　🔍 试题解析　题意翻译：下面 (74) 不是数字政府建设的关键词。

　　A. 共享　　　　　　B. 互通　　　　　　C. 便利　　　　　D. 交易

　解析：数字政府建设的关键词包括：共享、互通、便利。

(75) 参考答案：A

　🔍 试题解析　题意翻译：(75) 不属于新一代信息技术与信息资源充分利用的全新业态。

　　A. 局域网　　　　　B. 云计算　　　　　C. 大数据　　　　D. 区块链

全国计算机技术与软件专业技术资格（水平）考试

系统集成项目管理工程师机考试题终极预测 第1套
应用技术题参考答案/试题解析

试题一参考答案与试题解析

【问题1答案】

①WBS工作分解结构必须且只能包括100%的工作，包括外包出去的工作。
②WBS的编制需要所有干系人的参与，不能只凭项目经理的经验。
③WBS中的元素有且只能有一个人负责，目前的WBS出现多人负责的问题。
④小王根据自身经验直接编制风险管理计划不妥，应该全体成员共同参与。
⑤根据风险发生时间的先后进行排序不对，应该进行定性风险分析，对风险进行排序。
⑥制定应对措施时没有引入更多人员参与。
⑦各项风险应对措施的实施应该责任到人，不应该由小王一人统揽。
⑧对领导的变更请求没有进行充分的评估和论证。
⑨范围控制过程执行不到位，面对领导新要求，没有执行正确的变更控制流程。
⑩范围变更未与干系人取得统一意见。

【问题2答案】

项目建议书的核心内容包括：
①目的必要性。
②项目的市场预测。
③项目预期成果（如产品方案或服务）的市场预测。
④项目建设必需的条件。

【问题3答案】

WBS的注意事项如下：
①WBS必须是面向可交付成果的。
②WBS必须符合项目的范围：WBS必须包括也仅包括为了完成项目的可交付成果的活动。100%原则（包含原则）认为，在WBS中，所有下一级的元素之和必须100%代表上一级的元素。
③WBS的底层应该支持计划和控制：WBS是项目管理计划和项目范围之间的桥梁，WBS的底层不但要支持项目管理计划，而且要让管理层能够监视和控制项目的进度和预算。
④WBS中的元素必须有人负责，而且只有一个人负责。WBS和责任人可以使用工作责任矩阵来描述。

⑤WBS 应控制在 4~6 层：如果项目规模比较大，以至于 WBS 要超过 6 层，则可使用项目分解结构将大项目分解成子项目，然后针对子项目来做 WBS。每个级别的 WBS 将上一级的一个元素分为 4~7 个新元素，同一级元素的大小应该相似。一个工作单元只能从属于某个上层单元，避免交叉从属。

⑥WBS 应包括项目管理工作（因为管理是项目具体工作的一部分），也要包括分包出去的工作。

⑦WBS 的编制需要所有（主要）项目干系人的参与：各项目干系人站在自己的立场上，对同一个项目可能编制出差别较大的 WBS。项目经理应该组织他们进行讨论，以便编制出一份大家都能接受的 WBS。

⑧WBS 并非一成不变：在完成 WBS 之后的工作中，仍然有可能需要对 WBS 进行修改。如果没有合理的范围控制，仅仅依靠 WBS 会使得后面的工作僵化。

【问题 4 答案】
应对措施①：风险减轻；
应对措施②：风险接受；
应对措施③：风险规避；
应对措施④：风险转移；
应对措施⑤：风险规避。

试题二参考答案与试题解析

【问题 1 答案】
关键路径为 ABCDGJMN
总工期为 44 天

【问题 2 答案】
BAC 项目计划总预算=1000 万元
EV 已完成工作的计划价值=40%×1000 万元=400 万元
AC 实际成本=200 万元
PV 计划完成工作的计划价值之和=500 万元
CV=EV−AC=400−200=200（万元）
SV=EV−PV=400−500=−100（万元）
SPI=EV/PV=400/500=0.8
CPI=EV/AC=400/200=2
CPI>1，成本节约；SPI<1，进度滞后。

（1）赶工，投入更多的资源或增加工作时间，以缩短关键活动的工期；
（2）快速跟进，并行施工，以缩短关键路径的长度；
（3）使用高素质的资源或经验更丰富的人员；
（4）减小活动范围或降低活动要求；

（5）改进方法或技术，以提高生产效率；

（6）加强质量管理，及时发现问题，减少返工，从而缩短工期。

【问题 3 答案】

（1）ETC 典型偏差：以计划的成本绩效完成剩余工作，按照原计划严格完成项目，也就是出现偏差后，及时改正，然后按照原计划完成，知错就改，就是非典型偏差，计算公式：ETC=BAC−EV=1000−400=600（万元）

（2）ETC 非典型偏差：以当前绩效完成剩余工作，剩余工作量除以成本绩效指数，也就是出现偏差后，继续按照当前绩效完成项目，将错就错，就是典型偏差，计算公式：ETC=(BAC−EV)/CPI=600/2=300（万元）

（3）EAC=AC+(BAC−EV)/CPI=200+300=500（万元）

【问题 4 答案】

（1）箭线图（双代号网络图），还可以使用前导图（单代号网络图）、时标网络图、甘特图。

（2）为了绘图方便，在箭线图中又人为引入了一种额外的、特殊的活动，叫作虚活动，在网络图中由一个虚箭线表示。虚活动不消耗时间，也不消耗资源，使用它只是为了弥补箭线图在表达活动依赖关系方面的不足。注：活动 A 和 B 可以同时进行；只有活动 A 和 B 都完成后，活动 C 才能开始。

试题三参考答案与试题解析

【问题 1 答案】

不恰当。项目总结会需要全体参与项目的成员都参加，并由全体成员讨论形成文件。项目总结会所形成的文件一定要通过所有人的确认，任何有违此项原则的文件都不能作为项目总结会的结果。

【问题 2 答案】

一般项目总结会应该包含的内容有：项目目标、技术绩效、成本绩效、进度计划绩效、项目的沟通、识别问题和解决问题、意见和改进建议。

【问题 3 答案】

项目总结的主要意义如下：

- 了解项目全过程的工作情况及相关的团队或成员的绩效状况；
- 了解出现的问题并进行改进措施总结；
- 了解项目全过程中出现的值得吸取的经验并进行总结；
- 对总结后的文档进行讨论，通过后即存入公司的知识库，从而纳入组织过程资产。

【问题 4 答案】

项目验收、项目移交、项目总结。

试题四参考答案与试题解析

【问题 1 答案】

订立项目分包合同必须同时满足以下 5 个条件：

①经过买方认可；

②分包的部分必须是项目非主体工作；

③只能分包部分项目，而不能转包整个项目；

④分包方必须具备相应的资质条件；

⑤分包方不能再次分包。

【问题 2 答案】

采购管理的主要过程为：规划采购管理、实施采购、控制采购、结束采购。

【问题 3 答案】

招标、投标、评标、授标。

全国计算机技术与软件专业技术资格（水平）考试

系统集成项目管理工程师机考试题终极预测 第2套

基础知识题参考答案/试题解析

（1）**参考答案**：B

试题解析 完整性关注的是信息是否包含了所有必要的信息点，没有遗漏。

（2）**参考答案**：C

试题解析 信息系统的主要特性包括开放性、脆弱性和健壮性（鲁棒性）等。

A 选项描述了信息系统的开放性，即系统的可访问性，允许不同用户和系统访问和交互，这是正确的。

B 选项描述了信息系统的脆弱性，即信息系统在面对威胁和攻击时可能存在的保护不足问题，这也是正确的。

C 选项关于健壮性的描述是不准确的。健壮性（鲁棒性）是指系统在出现非预期状态时，能够抵御这种状态并保持大部分或全部功能的能力，而不是"能够完全避免任何功能丧失"。实际上，任何系统在面对非预期状态时都可能受到一定影响，但健壮性强的系统能够更好地应对这些挑战。

D 选项描述了高可用性的信息系统通常采用的技术手段，这些技术确实被用来确保系统的稳定性和可靠性，该描述是正确的。

（3）**参考答案**：B

试题解析 现代化基础设施建设的目标之一是实现绿色和可持续发展。A 选项"扩建城市中心道路网络"虽然可能缓解交通压力，但不一定符合绿色和可持续发展的理念；C 选项"增加城市传统公交车数量"虽然可以减少私家车的使用，但传统公交车的能源效率和环保性能有限；D 选项"升级老旧电力传输线路"虽然可以提高能源传输效率，但并未直接涉及绿色能源的使用。而 B 选项"引入太阳能光伏发电系统"直接利用了可再生能源，减少了化石燃料的消耗和温室气体排放，最符合绿色和可持续发展的理念。

（4）**参考答案**：B

试题解析 光纤通信技术是现代通信中用于实现信息高速传输的关键技术之一。它利用光波在光导纤维中传输信息，具有传输速度快、传输容量大、传输损耗小等优点。

（5）**参考答案**：C

试题解析 数据库是数据的仓库，是长期存储在计算机内的有组织的、可共享的数据集合。它的存储空间很大，可以存放百万条、千万条、上亿条数据。但是数据库并不是随意地将数据进行存放的，而是有一定的规则的，否则查询的效率会很低。故选 C。

（6）**参考答案**：B

试题解析 机器学习技术特别适合用于分析大量数据，并从中提取模式以进行预测或分类。在这个案例中，机器学习算法可以分析用户的购买历史和浏览行为，学习并掌握用户的偏好，并据此提供个性化的产品推荐。

（7）**参考答案**：D

试题解析 组织在服务设计过程中，需要注意识别和控制如下风险。

- 技术风险：包括技术工具的确认、技术支持过程的确认、技术要求的变更、关键技术人员的变更等。
- 管理风险：包括资源及预算是否到位、服务范围是否可控、服务边界是否清晰、服务内容是否充分满足需方需求、服务终止标准是否可衡量或可达到等。
- 成本风险：包括人力、技术、工具及设备、环境、服务管理等成本是否可控。
- 不可预测风险：包括火灾、自然灾害、重大信息安全事件等。

D选项为可预测风险，因此选D。

（8）**参考答案**：A

试题解析

IT服务质量模型如图1所示，其中完整性属于安全性的子特性，故选A。

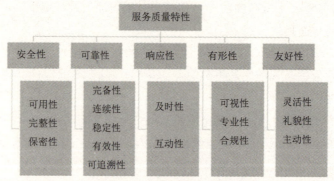

图1　IT服务质量模型

（9）**参考答案**：C

试题解析 信息基础设施明确分为技术基础设施、信息资源设施和管理基础设施，物流基础设施并不属于这一范畴。

（10）**参考答案**：B

试题解析 纵向融合：是指把某种职能和需求的各个层次的业务组织在一起，这种融合沟通了上下级之间的联系，如组织分支机构会计系统和整体组织会计系统融合在一起，它们有共同之处，能形成一体化的处理过程。

（11）**参考答案**：B

试题解析 高安全性原则要求网络架构采取适当的安全措施，如防火墙、入侵检测系统等，以保护网络系统和数据免受潜在的安全威胁。底层的身份鉴别、访问控制、入侵检测能力等需要能够为应用提供重要的安全保障。

（12）**参考答案**：B

试题解析 软件需求规格说明书（SRS）通常包含业务需求、用户需求和系统需求的详细描述，包括数据的精确输入/输出要求、系统性能标准等。而用户界面的设计图通常属于系统设计或详细设计的范畴，不会直接出现在 SRS 中。

（13）**参考答案**：C

试题解析 A 选项错误，因为数据流图（DFD）主要关注的是系统中数据的流动和处理过程，而不是展示系统的物理结构。

B 选项错误，数据流图并不详细描述软件的算法流程，而是从数据的角度描述系统的逻辑功能。

C 选项正确。

D 选项错误，数据流图并不展示软件的用户界面设计，而是更多地关注数据在系统中的逻辑流动和处理。

（14）**参考答案**：B

试题解析 一般而言，需要进行预处理的数据主要包括数据缺失、数据异常、数据不一致、数据重复、数据格式不符等情况，针对不同问题需要采用不同的数据处理方法。

（15）**参考答案**：D

试题解析 操作系统（OS）是指控制和管理整个计算机系统的硬件和软件资源，并合理地组织调度计算机的工作和资源的分配，以提供给用户和其他软件方便的接口和环境。它是计算机系统中最基本的系统软件。因此，D 选项是正确的。选项 A 错误地指出操作系统不包括对硬件资源的管理。B 选项错误地指出操作系统是用户与计算机硬件之间的"唯一"接口，因为还存在其他接口方式，如直接编程接口。C 选项错误地否定了操作系统的一些基本功能。

（16）**参考答案**：C

试题解析 《信息安全等级保护管理办法》将信息系统的安全保护等级分为以下 5 级。

第一级：会对公民、法人和其他组织的合法权益造成损害，但不损害国家安全、社会秩序和公共利益。

第二级：会对公民、法人和其他组织的合法权益造成严重损害，或者对社会秩序和公共利益造成损害，但不损害国家安全。

第三级：会对社会秩序和公共利益造成严重损害，或对国家安全造成损害。

第四级：会对社会秩序和公共利益造成特别严重损害，或者对国家安全造成严重损害。

第五级：会对国家安全造成特别严重损害。

（17）**参考答案**：C

试题解析 网络安全等级保护 2.0 管理变更，不再要求由专门部门或人员实施某些管理活动，不再对某些管理制度的制定做细化要求。

（18）**参考答案**：C

试题解析 由 X、Y、Z 三个轴形成的信息安全系统三维空间就是信息系统的"安全空间"。

X 轴是"安全机制"。安全机制可以理解为提供某些安全服务，利用各种安全技术和技巧，所形成的一个较为完善的结构体系。如"平台安全"机制，实际上就是指安全操作系统、安全数据库、应用开发运营的安全平台以及网络安全管理监控系统等。

Y 轴是"OSI 网络参考模型"。信息安全系统的许多技术、技巧都是在网络的各个层面上实施的，离开、开网络，信息系统的安全也就失去了意义。

Z 轴是"安全服务"。安全服务就是从网络中的各个层次提供给信息应用系统所需要的安全服务支持。如对等实体认证服务、数据完整性服务、数据保密服务等。

（19）**参考答案**：C

试题解析 数据集成的常用方法有模式集成、复制集成和混合集成，具体描述为：

模式集成也叫虚拟视图集成，在构建集成系统时，将各数据源共享的视图集成为全局模式，供用户透明地访问各数据源的数据。

复制集成将数据源中的数据复制到相关的其他数据源上，并对数据源的整体一致性进行维护，从而提高数据的共享和利用效率。

混合集成为了提高中间件系统的性能，保留虚拟数据模式视图为用户所用同时提供数据复制的方法

（20）**参考答案**：D

试题解析 数据分级常用的分级维度如下。

①按特性分级；

②基于价值（公开、内部、重要核心等）；

③基于敏感程度（公开、秘密、机密、绝密等）；

④基于司法影响范围（境内、跨区、跨境等）等。

数据的可用性通常不是数据分类分级的直接标准，而是数据保护和管理中需要考虑的因素之一。

（21）**参考答案**：B

试题解析 元数据往往被定义为提供关于信息资源或数据的一种结构化数据，是对信息资源的结构化描述。其实质是，用于描述信息资源或数据的内容、覆盖范围、质量、管理方式、数据的所有者、数据的提供方式等有关的信息。

（22）**参考答案**：C

试题解析 数据使用常常需要经过脱敏化处理，即对数据进行去隐私化处理，实现对敏感信息的保护，这样既能够有效利用数据，又能保证数据使用的安全性。数据脱敏就是一项重要的数据安全防护手段，它可以有效地减少敏感数据在采集、传输、使用

等环节中的暴露，进而降低敏感数据泄露的风险，确保数据合规。

（23）**参考答案**：B

试题解析 项目组合是指为了实现战略目标而组合在一起管理的项目、项目集、子项目组合和运营工作，它们不一定存在彼此依赖或直接相关的关联关系。智慧交通、智慧医疗、智慧物流不是彼此依存的，但为了实现智慧城市的目标组合在一起，因此选 B。

（24）（25）**参考答案**：A、B

试题解析 在组织级项目管理中，项目组合、项目集和项目都需要符合组织战略，由组织战略驱动，并以如下不同的方式服务于战略目标的实现：

①项目组合管理通过选择适当的项目集或项目，对工作进行优先级排序，并提供所需资源，与组织战略保持一致；

②项目集管理通过对其组成部分进行协调，对它们之间的依赖关系进行控制，从而实现既定收益；

③项目管理使组织的目标得以实现。

（26）**参考答案**：B

试题解析 在 PMO 类型中，控制型和指令型的 PMO 对项目控制程度较高，控制型 PMO 不仅给项目提供支持，而且通过各种手段要求项目服从；指令型 PMO 直接管理和控制项目；但是选项 B 并没有明确说出是哪种类型的 PMO，因此不正确的是 B 选项。

为了保证项目符合组织的业务目标，PMO 有权在每个项目的生命周期中充当重要干系人和关键决策者。PMO 可以提出建议、支持知识传递、终止项目，并根据需要采取其他行动。

（27）**参考答案**：A

试题解析 采用预测型开发方法的生命周期又称为瀑布型生命周期适用于已经充分了解并明确需求的项目。

（28）**参考答案**：A

试题解析 项目建议书是项目发展周期的初始阶段产物，是国家或上级主管部门选择项目的依据，也是可行性研究的依据。涉及利用外资的项目，在项目建议书获得批准后，方可开展后续工作。

（29）**参考答案**：D

试题解析 经过初步可行性研究，可以形成初步可行性研究报告，该报告虽然比详细可行性研究报告粗略，但是已经对项目有了全面的描述、分析和论证，所以初步可行性研究报告可以作为正式的文献供项目决策参考，也可以为进一步做详细可行性研究提供基础。因此 D 选项错误。

（30）**参考答案**：B

试题解析 项目管理者在坚持"将质量融入过程和成果中"原则时，应该关注的关键点包括：

①项目成果的质量要求，达到干系人期望并满足项目和产品的需求。

②质量通过成果的验收标准来衡量（不是以客户满意为标准来衡量，因此选 B）。
③项目过程的质量要求，确保项目过程尽可能适当而有效。

（31）**参考答案**：A

📌**试题解析** 启动过程组包括两个过程，分别是项目整合管理中的"制定项目章程"和项目干系人管理中的"识别干系人"。

（32）**参考答案**：D

📌**试题解析** 项目章程记录了关于项目和项目预期交付的产品、服务或成果的高层级信息，主要包括：
①项目目的；
②可测量的项目目标和相关的成功标准；
③高层级需求；
④高层级项目描述、边界定义以及主要可交付成果；
⑤整体项目风险；
⑥总体里程碑进度计划；
⑦预先批准的财务资源；
⑧关键干系人名单；
⑨项目审批要求（例如，评价项目成功的标准，由谁对项目成功下结论，由谁签署项目结束）；
⑩项目退出标准（例如，在何种条件下才能关闭或取消项目或阶段）；
⑪发起人或其他批准项目章程的人员的姓名和职权等。
项目所选用的生命周期及各阶段将采用的过程属于项目管理计划的内容，所以选 D。

（33）**参考答案**：D

📌**试题解析** A 选项：项目管理计划确定项目的执行、监控和收尾方式，其内容会根据项目所在的应用领域和复杂程度的不同而不同。

B 选项：项目管理计划可以是概括或详细的，每个组成部分的详细程度取决于具体项目的要求。

C 选项：项目管理计划应基准化，即至少应规定项目的范围、时间和成本方面的基准，以便据此考核项目执行情况和管理项目绩效。

D 选项：在确定基准之前，可能要对项目管理计划进行多次更新，且这些更新无须遵循正式的流程。

（34）**参考答案**：C

📌**试题解析** 亲和图：用来对大量创意进行分组的技术，以便进一步审查和分析。

（35）**参考答案**：C

📌**试题解析** 分解是一种把项目范围和项目可交付成果逐步划分为更小、更便于管理的单元，直到可交付物细分到足以用来支持未来的项目活动定义的工作包。要把整个项目工作分解为工作包，通常需要开展以下活动：

①识别和分析可交付成果及相关工作；
②确定 WBS 的结构和编排方案；
③自上而下逐层细化分解；
④为 WBS 组件制定和分配标识编码；
⑤核实可交付成果分解的程度是否恰当。

（36）**参考答案**：B

试题解析 定义活动过程的输出：活动清单、里程碑清单、活动属性、变更请求、项目管理计划（进度基准、成本基准）。范围基准是定义活动的输入。

（37）**参考答案**：C

试题解析 单代号网络图的箭线是表示顺序关系，节点表示一项工作；而双代号网络图的箭线表示的是一项工作，节点表示联系。在双代号网络图中出现较多的虚工作，而单代号网络图没有虚工作。

在箭线图法中，有如下三个原则：

①网络图中每一活动和每一事件都必须有唯一的代号，即网络图中不会有相同的代号。

②任意两项活动的紧前事件和紧后事件代号至少有一个不相同，节点代号沿着箭线方向越来越大。

③流入（流出）同一节点的活动，均有共同的紧后活动（或紧前活动）。

（38）~（39）**参考答案**：A、C

试题解析 将网络图补充完整，见下图。

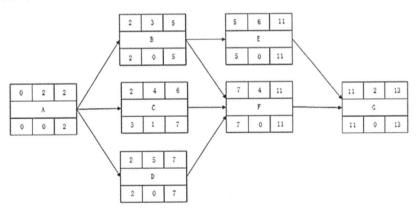

从图中判断出关键路径，也就是从开始到结束最长的路径，很明显该项目的工期为 13 天，而累加持续时间有 13 天的有 2 条，分别是 ABEG 和 ADFG，所以有两条关键路径。B 为关键路径上的活动，总浮动时间、自由浮动时间都为 0。

（40）**参考答案**：A

试题解析 总时差=（最迟开始时间-最早开始时间）或者（最迟完成时间-最早完成时间）

A 活动的最迟开始时间为第 18 天，最早开始时间为第 16 天，总时差=18-16=2。

（41）**参考答案**：A

🖋 **试题解析**　在项目日历中规定可以开展进度活动的可用工作日和工作班次，它把可用于开展进度活动的时间段（按天或更小的时间单位划分）与不可用的时间段区分开来。在一个进度模型中，可能需要采用不止一个项目日历来编制项目进度计划，因为有些活动需要不同的工作时段。因此，可能需要对项目日历进行更新。

（42）**参考答案**：B

🖋 **试题解析**　成本基准是经过批准的、按时间段分配的项目预算，不包括任何管理储备。首先汇总各项目活动的成本估算及其应急储备，得到相关工作包的成本；然后汇总各工作包的成本估算及其应急储备，得到控制账户的成本；最后再汇总各控制账户的成本，得到成本基准。

（43）**参考答案**：A

🖋 **试题解析**　预防成本：预防特定项目的产品、可交付成果或服务质量低劣所带来的成本。预防成本包括培训、文件过程、设备、完成时间。见下图。

一致性成本	不一致性成本
预防成本 （打造某种高质量产品） • 培训 • 文件过程 • 设备 • 完成时间 **评估成本** （评估质量） • 测试 • 破坏性试验损失 • 检查	**内部失败成本** （项目中发现的失败） • 返工 • 报废 **外部失败成本** （客户发现的失败） • 债务 • 保修工作 • 失去业务
项目花费资金规避失败	项目前后花费的资金（由于失败）

（44）**参考答案**：A

🖋 **试题解析**　资源管理计划的内容如下。

①识别资源：用于识别和量化项目所需的团队和实物资源的方法。

②获取资源：关于如何获取项目所需的团队和实物资源的指南。

③角色与职责：项目中某人承担的角色与职责。

④项目组织图：以图形方式展示项目团队成员及其报告关系。

⑤项目团队资源管理：关于如何定义、配备、管理和最终遣散项目团队资源的指南。

⑥培训：针对项目成员的培训策略。

⑦团队建设：建设项目团队的方法。

⑧资源控制：依据需要确保实物资源充足可用，并为项目需求优化实物资源采购而采用的方法。包括有关整个项目生命周期期间的库存、设备和用品管理的信息。

⑨认可计划：将给予团队成员哪些认可和奖励，以及何时给予。

（45）参考答案：B

🗨 **试题解析** 预防措施：为确保项目工作的未来绩效符合项目管理计划，进行的有目的的活动。预防措施是为消除潜在不合格而采取的措施。

（46）参考答案：A

🗨 **试题解析** 管理质量过程的主要工作包括：

①执行质量管理计划中规划的质量管理活动，确保项目工作过程和工作成果达到质量测量指标及质量标准。

②把质量标准和质量测量指标转化成测试与评估文件，供控制质量过程使用。

③根据风险评估报告识别与处置项目质量目标的机会和威胁，以便提出必要的变更请求，如调整质量管理方法或质量测量指标等。

④根据质量控制测量结果评价质量管理绩效及质量管理体系的合理性，以便提出必要的变更请求，实现过程改进。

⑤质量管理持续优化改进，需参考已记入经验教训登记册的质量管理经验教训。

⑥根据质量管理计划、质量测量指标、质量控制测量结果、管理质量过程的实施情况等，编制质量报告，并向项目干系人报告项目质量绩效。

（47）参考答案：A

🗨 **试题解析** ①亲和图用于根据其亲近关系对导致质量问题的各种原因进行归类，展示最应关注的领域。

②因果图也叫鱼刺图或石川图，用来分析导致某一结果的一系列原因，有助于人们进行创造性、系统性思维，找出问题的根源。它是进行根本原因分析的常用方法。

③流程图展示了引发缺陷的一系列步骤，用于完整地分析某个或某类质量问题产生的全过程。

④直方图是一种显示各种问题分布情况的柱状图。每个柱子代表一个问题，柱子的高度代表问题出现的次数。直方图可以展示每个可交付成果的缺陷数量、缺陷成因的排列、各个过程的不合规次数，或项目与产品缺陷的其他表现形式。

⑤矩阵图在行列交叉的位置展示因素、原因和目标之间的关系强弱。

⑥散点图是一种展示两个变量之间的关系的图形，它能够展示两支轴的关系，一般一支轴表示过程、环境或活动的任何要素，另一支轴表示质量缺陷。

（48）参考答案：D

🗨 **试题解析** 预分派指事先确定项目的物质或团队资源，下列情况需要进行预分派：

①在竞标过程中承诺分派特定人员进行项目工作。

②分派具有特定的知识和技能的人员。

③在完成资源管理计划的前期工作之前，制定项目章程过程或其他过程已经指定了某些团队成员的工作。

（49）参考答案：C

🖑**试题解析** 强迫/命令：以牺牲其他方为代价，推行某一方的观点；只提供"赢-输"方案。通常是利用权力来强行解决紧急问题，这种方法通常会导致"赢-输"局面。

（50）参考答案：B

🖑**试题解析** 适用于控制质量过程的数据收集技术包括核对单、核查表、统计抽样和问卷调查等。

①核对单。核对单有助于以结构化方式管理控制质量活动。

②核查表。核查表又称计数表，用于合理排列各种事项，以便有效地收集关于潜在质量问题的有用数据。

③统计抽样。统计抽样是指从目标总体中选取部分样本用于检查。

④问卷调查。问卷调查可用于在部署产品或服务之后收集关于客户满意度的数据。

（51）参考答案：B

🖑**试题解析** 确认范围过程的主要输入为项目管理计划、项目文件、核实的可交付成果和工作绩效数据，主要输出为验收的可交付成果和工作绩效信息。

（52）~（53）参考答案：A、C

🖑**试题解析** 首先计算出 PV、EV、AC。

到 6 周周末时，计划为完成需求调研 2 周，系统实施 4 周，那么

PV=2+33×(4/8)=18.5

实际为需求调研结束，系统实施完成一半，那么

EV=2+33×50%=18.5

AC=2+16=18

SV=EV−PV=18.5−18.5=0，SV=0，进度正常

CV=EV−AC=18.5−18=0.5，CV>0，成本节约

（54）参考答案：C

🖑**试题解析** 合同管理活动可能包括以下 5 个方面：

①收集数据和管理项目记录，包括维护对实体和财务绩效的详细记录，以及建立可测量的采购绩效指标。

②完善采购计划和进度计划。

③建立与采购相关的项目数据的收集、分析和报告机制，并为组织编制定期报告。

④监督采购环境，以便引导或调整实施。

⑤向卖方付款。

（55）参考答案：C

🖑**试题解析** 监控项目工作的输出：变更请求、工作绩效报告、项目管理计划更

新、项目文件更新。

（56）**参考答案**：B

试题解析　项目总结属于项目收尾的管理收尾。而管理收尾有时又被称为行政收尾，就是检查项目团队成员及相关干系人是否按规定履行了所有职责。实施行政结尾过程还包括收集项目记录、分析项目成败、收集应吸取的教训，以及将项目信息存档供本组织将来使用等活动。

（57）**参考答案**：D

试题解析　控制资源是确保按计划为项目分配实物资源，以及根据资源使用计划监督资源实际使用情况，并采取必要纠正措施的过程。本过程的主要作用：①确保所分配的资源适时、适地地可用于项目；②资源在不再被需要时被释放。

（58）**参考答案**：A

试题解析　控制采购过程的工具与技术包括：专家判断、索赔管理、数据分析（绩效审查、挣值分析和趋势分析）、检查、审计。

（59）**参考答案**：D

试题解析　干系人参与计划：为管理干系人期望提供指导和信息。

（60）**参考答案**：B

试题解析　常用的评标方法如下。

- 加权打分法：用具有不同权重的各评标标准，对各投标文件进行打分，然后加权汇总，得到各潜在卖方的排名顺序。选择得分最高的潜在卖方中标。
- 筛选系统：通过多轮过滤，逐步淘汰达不到既定标准的投标商，直到剩下一家。用于淘汰的标准逐轮提高。最后剩下的那家，就是中标者。
- 独立估算：把潜在卖方的报价与买方事先编制的独立成本估算进行比较，选择与标底最接近的报价中标。

（61）**参考答案**：A

试题解析　配置库可以分为开发库、受控库、产品库3种类型。

①开发库（动态库、程序员库或工作库）。保存开发人员当前正在开发的配置实体，如新模块、文档、数据元素或进行修改的已有元素。动态中的配置项被置于版本管理之下。动态库是开发人员的个人工作区，由开发人员自行控制。

②受控库（主库）。包含当前的基线以及对基线的变更。受控库中的配置项被置于完全的配置管理之下。在信息系统开发的某个阶段工作结束时，将当前的工作产品存入受控库。

③产品库（静态库、发行库、软件仓库）。包含已发布使用的各种基线的存档，被置于完全的配置管理之下。在开发的信息系统产品完成系统测试之后，作为最终产品存入产品库内，等待交付用户现场安装。

（62）**参考答案**：B

试题解析　配置管理负责人也称配置经理，负责管理和决策整个项目生命周期中的配置活动，具体工作包括：
- 管理所有活动，包括计划、识别、控制、审计和回顾；
- 负责配置管理过程；
- 通过审计过程确保配置管理数据库的准确和真实；
- 审批配置库或配置管理数据库的结构性变更；
- 定义配置项责任人；
- 指派配置审计员；
- 定义配置管理数据库范围、配置项属性、配置项之间关系和配置项状态；
- 评估配置管理过程并持续改进；
- 参与变更管理过程评估；
- 对项目成员进行配置管理培训。

（63）参考答案：B

试题解析　根据变更性质可分为重大变更、重要变更和一般变更，通过不同审批权限进行控制；根据变更的迫切性可分为紧急变更、非紧急变更。

（64）参考答案：A

试题解析　监理活动最基础的内容被概括为"三控、两管、一协调"。

①三控。三控是指信息系统工程质量控制、信息系统工程进度控制和信息系统工程投资控制。

②两管。两管是指信息系统工程合同管理、信息系统工程信息管理。

③一协调。一协调是指在信息系统工程实施过程中协调有关单位及人员间的工作关系。

（65）参考答案：C

试题解析　在规划阶段对设计方案、测试验收方案、计划方案进行审查，而不是在实施阶段审查。

（66）参考答案：B

试题解析　根据 2022 年发布的《国家标准管理办法》，国家标准的代号由大写汉语拼音字母构成。强制性国家标准的代号为"GB"，推荐性国家标准的代号为"GB/T"，国家标准样品的代号为"GSB"。指导性技术文件的代号为"GB/Z"。

（67）参考答案：A

试题解析　项目管理工程师应遵守的职业行为准则和岗位职责可以用"职业道德规范"来简要地概括为：
- 爱岗敬业、遵纪守法、诚实守信、办事公道、与时俱进。
- 梳理流程、建立体系、量化管理、优化改进、不断积累。
- 对项目负管理责任，计划指挥有方，全面全程监控，善于解决问题，沟通及时到位。
- 为客户创造价值，为雇主创造利润，为组员创造机会，合作多赢。

- 积极进行团队建设，公平、公正、无私地对待每位项目团队成员。
- 平等与客户相处；与客户协同工作时，注重礼仪；公务消费应合理并遵守有关标准。

（68）**参考答案**：B

试题解析　职业道德的普遍性是由其职业性质决定的。从事职业的人群众多，范围广大，这就决定了职业道德必然具有普遍性。

（69）**参考答案**：B

试题解析　法律的效力即法律的约束力，分为对象效力、空间效力和时间效力。对象效力即对谁有效力，适用于哪些人。对人的效力包含两个方面：对中国公民的效力、对外国人和无国籍人的效力。空间效力，一般来说，一国法律适用于该国主权范围所及的全部领域，包括领陆、领水、领空和底土，以及作为领土延伸的本国驻外使馆、在外船舶和飞机。法律的时间效力，指法律何时生效、何时终止效力以及法律对其生效以前的事件和行为有无溯及力。

（70）**参考答案**：A

试题解析　他律性：职业道德具有影响舆论的特征。

（71）**参考答案**：D

试题解析　题意翻译：在项目网络图中，关键路径的数量为__（71）__。

A. 一条　　　　B. 只有一条　　　C. 只有两条　　　D. 一条或多条

解析：在项目网络图中，关键路径可以有多条。

（72）**参考答案**：C

试题解析　题意翻译：__（72）__是获得卖家回应，选择卖家，并进行对比的过程。

A. 规划干系人管理　　　　　　　B. 采购管理
C. 实施采购　　　　　　　　　　D. 控制采购

解析：实施采购。从潜在的供应商处获取适当的信息、报价、投标书或建议书。选择 供方，审核所有建议书或报价，在潜在的供应商中选择，并与选中者谈判最终合同。

（73）**参考答案**：A

试题解析　题意翻译：区块链的特征不包括__（73）__。

A. 中心化　　　B. 不可篡改　　　C. 开放共识　　　D. 安全可信

解析：区块链的特征有多中心化、多方维护、时序数据、智能合约、不可篡改、开发共识、安全可信。

（74）**参考答案**：B

试题解析　题意翻译：__（74）__不属于IT服务产业化重点活动。

A. 产品服务化　　B. 服务数字化　　C. 服务标准化　　D. 服务产品化

解析：IT服务的产业化进程分为产品服务化、服务标准化、服务产品化三个阶段。

（75）**参考答案**：A

● **试题解析** 题意翻译：在 UML 中，__(75)__ 是两个事物之间的语义关系，其中一个事物发生变化会影响另一个事物的语义。

A. 依赖　　　　　B. 关联　　　　　C. 泛化　　　　　D. 实现

解析：依赖是两个事物之间的语义关系，其中一个事物发生变化会影响另一个事物的语义。

全国计算机技术与软件专业技术资格（水平）考试

系统集成项目管理工程师机考试题终极预测 第2套
应用技术题参考答案/试题解析

试题一参考答案与试题解析

【问题1】

（1）本题考查三点估算法的应用。本项目中各活动的乐观、可能和悲观工期符合β分布，则期望各活动的期望工期计算公式为（乐观+4倍可能+悲观）/6，如A活动职责分工的期望工期为：（2+4×4+6）/6=4天，计算出所有活动的期望工期后，根据题干中"紧前活动"确定各项活动间的逻辑关系，以此画出项目的双代号网络图。

参考答案：

A=4、B=12、C=14、D=9、E=12、F=7、G=8、H=16、I=5。

（2）绘制网络图如下：

①—A(4)—②—B(12)—③—C(14)—④—D(9)—⑤—E(12)—⑥—F(7)—⑦—H(16)—⑨—I(5)—⑩，⑥—G(8)—⑧⇢⑦

【问题2】

参考答案：项目的关键路径是 A-B-C-D-E-G-H-I，总工期为 4+12+14+9+12+8+16+5=80 天。

🔑 试题解析

根据双代号网络图可看出本项目的关键路径，将关键路径上各活动的工期求和即是总工期。

【问题3】

本题关键是先计算出第59天时的计划值PV，即第59天时按计划应完成的总预算。根据双代号网络图可知，至第59天时已完成的活动有A、B、C、D、E、F、G。故，第59天时的 PV=1+2+6+12+16+7+6=50。

挣值EV即实际完成工作的计划价值，指的是实际完成工作所对应的计划预算值，题目已告知目前的整体工作量进度完成了3/5，总PV值是60，则EV=60×(3/5)=36。

实际成本AC即已完成工作的实际成本，题目中已直接告知即42万元。

进度偏差 SV 即实际完成工作的计划成本 EV 与计划完成工作的预算 PV 的差，即 SV=EV−PV=36−50=−14，说明进度比计划落后。

成本偏差 CV 即实际完成工作的计划成本 EV 与实际完成工作实际成本 AC 之间的差，即 CV=EV−AC=36−42=−6，说明成本已超计划值。

参考答案：

PV=50、EV=36、SV=−15、CV=−6。

【问题4】

参考答案：

SPI=EV/PV=36/50=0.72＜1，说明项目的进度滞后；

CPI=EV/AC=36/42≈0.86＜1，说明项目的成本超支。

🖋 **试题解析**

对于项目绩效的评估一般是进度绩效和成本绩效。

进度绩效评估使用进度绩效指数 SPI 体现，即 SPI=EV/PV，若值小于 1，则说明进度滞后，若值大于 1，则说明进度提前；

成本绩效评估使用成本绩效指数 CPI 体现，即 CPI=EV/AC，若值小于 1，则说明成本超支，若值大于 1，则说明成本节约。

试题二参考答案与试题解析

【问题1】

参考答案：

一般的采购步骤流程应包括以下 10 条：

①准备采购工作说明书（SOW）或工作大纲（TOR）；

②准备高层级的成本估算，制定预算；

③发布招标广告；

④确定合格卖方的名单；

⑤准备并发布招标文件；

⑥由卖方准备并提交建议书；

⑦对建议书开展技术（包括质量）评估；

⑧对建议书开展成本评估；

⑨准备最终的综合评估报告（包括质量及成本），选出中标建议书；

⑩结束谈判，买方和卖方签署合同。

🖋 **试题解析**

本题目重点考查了规划过程组中规划采购管理的基础知识，根据教材要点答题即可，实际的答案内容比较多，考生应结合知识点的逻辑联系尽量多写。

【问题2】

参考答案：

根据每个项目的需要，采购管理计划可以是正式或非正式的，也可以是非常详细或高度概括的，一把的采购管理计划应包括的内容如下。

①如何协调采购与项目的其他工作，例如，项目进度计划的制订和控制；

②开展重要采购活动的时间表；

③用于管理合同的采购测量指标；

④与采购有关的干系人角色和职责，如果执行组织有采购部，项目团队拥有的职权和受到的限制；

⑤可能影响采购工作的制约因素和假设条件；

⑥司法管辖权和付款货币；

⑦是否需要编制独立估算，以及是否应将其作为评价标准；

⑧风险管理事项，包括对履约保函或保险合同的要求，以减轻某些项目风险；

⑨拟使用的预审合格的卖方（如果有）等。

🗝 试题解析

本题目直接考查采购管理应包括的内容，根据教材要点答题即可，实际的答案内容比较多，考生应结合知识点的逻辑联系尽量多写。

【问题3】

参考答案：

招投标方式进行采购时包括招标、投标、评标和授标四个环节。

🗝 试题解析

本题目直接考查执行过程组中实施采购过程的基础知识，本题与前面两题所考查的内容的关联度很高，都涉及项目采购管理知识领域的重要基础知识。

试题三参考答案与试题解析

【问题1】

参考答案：

①项目章程的内容太简单，缺少了很多重要项；

②项目章程的发布应由项目以外的机构或公司高层来启动或发布，发布人应具有一定职权；

③项目应充分结合本项目的独特情况进行拟定，不能仅依据往期的经验模板；

④与甲方的沟通存在问题，能提前或及时进行信息同步和协商；

⑤应先明确各知识领域相关的子管理计划、基准和其他组件信息，最终进行整合。

⑥项目管理计划涉及所有项目管理知识领域内容、基准，应积极邀请主要干系人参与并通过主要干系人的审批。

🗝 试题解析

本题考查的核心内容是启动过程组中关于项目章程、规划过程组中制订项目管理计划过程等相关的知识，答题时需结合要点进行回答，考生也可以结合项目管理常识，对案例中体现出的其他问题进行罗列和补充。

【问题2】

参考答案：

①项目目的；

②可测量的项目目标和相关的成功标准；
③高层级需求；
④高层级项目描述、边界定义及主要可交付成果；
⑤整体项目风险；
⑥总体里程碑进度计划；
⑦预先批准的财务资源；
⑧关键干系人名单；
⑨项目审批要求（例如，评价项目成功的标准，由谁对项目成功下结论，由谁签署项目结束工作）；
⑩项目退出标准（例如，在何种条件下才能关闭或取消项目或阶段）；
⑪委派的项目经理及其职责和职权；
⑫发起人或其他批准项目章程的人员的姓名和职权等。

试题解析

本题考查的核心内容是启动过程组中关于项目章程的基础知识，项目章程在项目执行和项目需求之间建立联系，确认项目的组织战略定位和项目合法身份，明确授权项目经理使用组织资源。

【问题3】

参考答案：

①A、G
②C、D、H
③B、E、F

本题考查项目管理概论常识，学习过程中在理解的基础上进行记忆，注意区分，避免混淆。

试题四参考答案与试题解析

【问题1】

参考答案：

①项目时间较紧，存在进度延期风险。
②小杜刚毕业一年，被任命项目经理，存在经验不足的人力资源风险。
③公司存在公司经验不足的风险。
④公司和小杜本人均缺少该项目技术经验，存在外包管理风险。
⑤小杜是独自完成的项目管理计划，未与关键干系人进行充分沟通和确认，存在计划不合理风险。
⑥小杜在制订项目管理计划时未充分结合其他子管理计划、基准和组件的内容，存在计划不全面风险。
⑦工期紧张，小杜取消公休并增加工作时间，存在团队资源管理和团队管理风险。

⑧在甲方希望增加新功能时，小杜未走变更流程，存在成本增加及交付无法通过的风险。

⑨在甲方希望增加新功能时，小杜直接同意，存在范围蔓延的风险。

⑩在项目团队和公司都缺少项目经验的情况下，核心技术人员小李离职会导致项目进度滞后风险。

🔍 **试题解析**

本题考查的核心内容是项目风险管理知识领域相关知识，答题时需结合案例内容进行回答。

【问题2】

参考答案：

①执行质量管理计划中规划的质量管理活动，确保项目工作过程和工作成果达到质量测量指标及质量标准。

②把质量标准和质量测量指标转化成测试与评估文件，供控制质量过程使用。

③根据风险评估报告识别与处置项目质量目标的机会和威胁，以便提出必要的变更请求，如调整质量管理方法或质量测量指标等。

④根据质量控制测量结果评价质量管理绩效及质量管理体系的合理性，以便提出必要的变更请求，实现过程改进。

⑤质量管理持续优化改进，需参考已记入经验教训登记册的质量管理经验教训。

⑥根据质量管理计划、质量测量指标、质量控制测量结果、管理质量过程的实施情况等，编制质量报告，并向项目干系人报告项目质量绩效。

🔍 **试题解析**

本题考查的核心内容是执行过程组中项目质量管理领域的管理质量过程。

【问题3】

参考答案：

①随机性

②纯粹风险（或投机风险，前后两个空的顺序可以调换）

③投机风险（或纯粹风险，前后两个空的顺序可以调换）

④已知风险

🔍 **试题解析**

本题考查的核心内容是规划过程组中规划风险管理过程的基础知识，涉及项目风险的属性及分类，属于项目风险管理领域。

全国计算机技术与软件专业技术资格（水平）考试
系统集成项目管理工程师机考试题终极预测 第3套
基础知识题参考答案/试题解析

（1）**参考答案**：D

试题解析　这道题考查的是信息的多个特性，信息的传递性指的是信息在时间上的传递就是存储，在空间上的传递就是转移或扩散。故选 D。信息的特性主要包括客观性、普遍性、无限性、动态性、相对性、依附性、变换性、传递性、层次性、系统性和转化性。

①客观性。信息是客观事物在人脑中的反映，而反映的对象则有主观和客观的区别，因此，信息可分为主观信息（例如：决策、指令和计划等）和客观信息（例如：国际形势、经济发展情况和一年四季等）。主观信息必然要转化成客观信息，例如，决策和计划等主观信息要转化成实际行动。因此，信息具有客观性。

②普遍性。物质决定精神，物质的普遍性决定了信息的普遍存在。

③无限性。客观世界是无限的，反映客观世界的信息自然也是无限的。无限性可分为两个层次：一是无限的事物产生无限的信息，即信息的总量是无限的；二是每个具体事物或有限个事物的集合所能产生的信息也可以是无限的。

④动态性。信息是随着时间的变化而变化的。

⑤相对性。不同的认识主体从同一事物中获取的信息及信息量可能是不同的。

⑥依附性。信息的依附性可以从两个方面来理解：一方面，信息是对客观世界的反映，任何信息必然由客观事物所产生，不存在无源的信息；另一方面，任何信息都要依附于一定的载体而存在，需要有物质的承载者，信息不能完全脱离物质而独立存在。

⑦变换性。信息经过处理可以实现变换或转换，使其形式和内容发生变化，以适应特定的需要。

⑧传递性。信息在时间上的传递就是存储，在空间上的传递就是转移或扩散。

⑨层次性。客观世界是分层次的，反映它的信息也是分层次的。

⑩系统性。信息可以表示为一种集合，不同类别的信息可以形成不同的整体。因此，可以形成与现实世界相对应的信息系统。

⑪转化性。信息的产生不能没有物质，信息的传递不能没有能量，但有效地使用信息，可以将信息转化为物质或能量。

（2）**参考答案**：B

试题解析　信息可以表示为一种集合，不同类别的信息可以形成不同的整体指的是信息具有系统性，而不是普遍性。信息的普遍性：物质决定精神，物质的普遍性决定了信息的普遍存在性，故 B 选项错误。

(3) **参考答案**：C

试题解析 A 选项错误，因为局域网（LAN）的覆盖范围通常在 10 千米之内，而非超过 100 千米。

B 选项错误，局域网是一种私有网络，一般覆盖一座建筑物内或建筑物附近的区域，如家庭、办公室或工厂，而非连接多个城市或国家的计算机。

C 选项正确，局域网内的计算机确实可以通过路由器连接到广域网（WAN）。

D 选项错误，局域网由计算机设备、网络连接设备、网络传输介质三大部分构成，而不仅仅是计算机设备。

(4) **参考答案**：D

试题解析 SMTP（Simple Mail Transfer Protocol）是应用层常用的协议之一，常用于实现电子邮件的发送。Ethernet 是物理层和数据链路层常用的协议，IP 是网络层常用的协议，TCP 是传输层常用的协议。

(5) **参考答案**：B

试题解析 信息安全中的"CIA"三要素是信息安全领域公认的核心概念。

保密性（Confidentiality）：确保信息不被未授权的个体所获得。即信息只对授权人员可用，防止未授权人员获取敏感信息。

完整性（Integrity）：保护信息和信息系统不被未授权地修改。即保证信息在传输、存储中不被篡改或损坏，确保数据的可靠性和正确性。

可用性（Availability）：确保授权用户需要时可以随时访问信息和使用相关的资产。即信息和系统随时可用，不受意外干扰或恶意攻击影响。

这三个要素共同构成了信息安全的基础，是评估和设计信息系统安全性的重要指导原则。因此，正确答案是 B。

(6) **参考答案**：C

试题解析 服务的特征如下。

①无形性：指服务在很大程度上是抽象的和无形的。例如理发、听音乐会、到海边度假等。

②不可分离性：也叫同步性，指生产和消费是同时进行的，如照相、理发等。

③可变性：也叫异质性，指服务的质量水平会受到相当多因素的影响。

④不可储存性：也叫易逝性、易消失性，指服务无法被储藏起来以备将来使用、转售、延时体验或退货等。

(7) **参考答案**：D

试题解析 能力要素 PPTR 包括人员（People）、过程（Process）、技术（Technology）和资源（Resource），并不包括规则（Rules）。因此，正确答案是 D。

(8) **参考答案**：A

试题解析 在部署实施的四个阶段中，计划阶段通常涉及详细的时间表、资源分配和风险评估的制定，以确保后续阶段能够顺利进行。因此，正确答案是 A。

（9）**参考答案**：B

试题解析 集中式架构模式将数据和应用程序集中在一台或多台高性能服务器上，以实现集中管理和控制。集中式架构的优点是资源集中、便于管理、资源利用率较高。但一旦核心资源出现异常，那么整个系统将容易瘫痪。

（10）**参考答案**：D

试题解析 数据架构设计原则如下。

①数据分层原则：解决层次定位合理性的问题。

②数据处理效率原则：不追求高效率，而追求合理，尽量减少明细数据的冗余存储和大规模的搬迁操作。

③数据一致性原则：需考虑减少数据重复加工和冗余存储。

④数据架构可扩展性原则：基于分层定位的合理性原则，考虑数据存储模型和数据存储技术。

⑤服务于业务原则：合理的数据架构、数据模型、数据存储策略，其最终目标都是服务于业务，有时候可以为了业务的体验放弃之前的某些原则。

（11）**参考答案**：B

试题解析 常用的应用架构规划与设计的基本原则有：业务适配性原则、应用聚合化原则、功能专业化原则、风险最小化原则、资产复用化原则。

①业务适配性原则：应用架构应服务于业务，提升业务能力，能够支撑组织的业务或技术发展战略目标，同时应用架构要具备一定的灵活性和可扩展性，以适应未来业务架构发展所带来的变化。

②应用聚合化原则：基于现有系统功能，通过整合部门级应用，解决应用系统多、功能分散、重叠、界限不清晰等问题，推动组织集中的"组织级"应用系统建设。

③功能专业化原则：按照业务功能聚合性进行应用规划，建设与应用组件对应的应用系统，满足不同业务条线的需求，实现专业化发展。

④风险最小化原则：降低系统间的耦合度，提高单个应用系统的独立性，减少应用系统间的相互依赖，保持系统层级、系统群组之间的松耦合，规避单点风险，降低系统运行风险，保证应用系统的安全稳定。

⑤资产复用化原则：鼓励和推行架构资产的提炼和重用，满足快速开发和降低开发与维护成本的要求。规划组织级共享应用成为基础服务，建立标准化体系，在组织内复用共享。同时，通过复用服务或者组合服务，使架构具有足够的弹性以满足不同业务条线的差异化业务需求，支持组织业务持续发展。

（12）**参考答案**：A

试题解析 计算机局部区域网络，是一种为单一组织所拥有的专用计算机网络。其特点如下。

覆盖地理范围小，通常在2.5km内。

数据传输速率高（一般在10Mb/s以上，典型的可达1Gb/s甚至10Gb/s）。

低误码率（通常在 10^{-9} 以下），可靠性高。

支持多种传输介质，支持实时应用。

（13）**参考答案**：D

🔍 **试题解析**　WPDRRC 信息安全保障体系包括：预警（Warning）、保护（Protection）、检测（Detecting）、响应（Response）、恢复（Recovery）和反击（Counterattack）。

（14）**参考答案**：B

🔍 **试题解析**　云原生架构的主要特点包括弹性与可扩展性、松耦合的软件元素关系（与 B 选项中的"紧密耦合的软件元素关系"相反）、分布式结构、高韧性属性等。因此，应选 B。

（15）**参考答案**：B

🔍 **试题解析**　软件需求通常包括业务需求、用户需求和系统需求三个层次。市场需求虽然对软件的开发有重要影响，但它并不直接属于软件需求的层次。

（16）**参考答案**：D

🔍 **试题解析**　A 选项错误，因为 QFD 主要用于将客户需求转化为产品设计和生产过程中的关键要素，而不是分析产品故障的原因。

B 选项错误，因为 QFD 强调尊重和理解客户需求，并将其转化为产品开发过程中的具体技术要求和质量控制要求。

C 选项错误，因为 QFD 起源于 20 世纪 70 年代初的日本企业，并逐渐得到欧美发达国家的重视和广泛应用。

D 选项正确。

（17）**参考答案**：C

🔍 **试题解析**　常见的软件需求变更策略主要包括：

①所有需求变更必须遵循变更控制过程。

②对于未获得批准的变更，不应该做设计和实现工作。

③应该由项目变更控制委员会决定实现哪些变更。

④项目风险承担者应该能够了解变更的内容。

⑤绝不能从项目配置库中删除或者修改变更请求的原始文档。

⑥每一个集成的需求变更必须能跟踪到一个经核准的变更请求。

（18）**参考答案**：D

🔍 **试题分析**　UML 用关系把事物结合在一起，主要有四种关系：依赖、关联、泛化和实现。

①依赖（Dependency）。依赖是两个事物之间的语义关系，其中一个事物发生变化会影响另一个事物的语义。

②关联（Association）。关联是指一个对象和另一个对象有联系。

③泛化（Generalization）。泛化是一般元素和特殊元素之间的分类关系，描述特殊元

素的对象可替换一般元素的对象。

④实现（Realization）。实现将不同的模型元素（例如，类）连接起来，其中的一个类指定了由另一个类保证执行的契约。

(19) **参考答案**：C

🖋 **试题解析**　静态测试：桌前检查、代码走查、代码审查。

动态测试：黑盒测试、白盒测试。

(20) **参考答案**：D

🖋 **试题解析**　按照软件过程能力成熟度由低到高演进发展的形势，CSMM 定义了五个等级，高等级是在低等级充分实施的基础之上进行的。

1级：初始级

2级：项目规范级

3级：组织改进级

4级：量化提升级

5级：创新引领级

(21) **参考答案**：C

🖋 **试题解析**　磁带是存储成本低、容量大的数据存储介质，主要包括磁带机、自动加载磁带机和磁带库。其主要的缺点就是存储速度比较慢。

(22) **参考答案**：B

🖋 **试题解析**　衡量容灾系统能力的主要指标：RPO 和 RTO，其中 RPO 代表了当灾难发生时允许丢失的数据量；而 RTO 则代表了系统恢复的时间。

数据容灾的关键技术如下。

- 远程镜像技术：在主数据中心和备份中心之间进行数据备份时用到的远程复制技术。

- 快照技术：关于指定数据集合的一个完全可用的复制，该复制是相应数据在某个时间点（复制开始的时间点）的映像。

(23) **参考答案**：D

🖋 **试题解析**　数据标准化的主要内容包括元数据标准化、数据元标准化、数据模式标准化和数据分类与编码标准化。D 选项为数据模型标准化而不是数据模式标准化。

(24) **参考答案**：C

🖋 **试题解析**　A 选项错误，因为系统集成项目不仅涉及技术层面的整合，还需要考虑业务流程、管理需求等多个方面，因此项目团队需要包括 IT 技术人员、业务分析师、项目经理等多方面的专业人才。

B 选项错误，因为系统集成项目的核心目标是将多个系统组合成一个协调工作的整体，以实现数据和信息的高效流转和共享，而不是仅仅关注单一系统的功能优化。

C 选项正确，系统集成项目在实施过程中通常采用大量新技术、前沿技术，乃至颠覆性技术运转工作，这是系统集成项目的一个重要特点。

D 选项错误，系统集成项目由于其复杂性和定制化特点，实施过程中可能面临各种风险，如技术风险、管理风险、业务风险等，需要项目团队做好风险评估和应对策略的制定。

（25）**参考答案**：C

试题解析 中间件是位于操作系统、网络和数据库之上，应用软件之下的一个软件层。它的主要作用是为上层应用软件提供运行与开发环境，帮助用户灵活、高效地开发和集成复杂的应用软件。因此，C 选项是正确的。A 选项错误地将中间件描述为硬件的核心组成部分，B 选项错误地指出中间件直接管理硬件资源，D 选项错误地指出中间件是用户与硬件之间的直接接口。

（26）**参考答案**：D

试题解析 分布式操作系统为分布计算系统配置的操作系统，通信功能类似于网络 OS。

通信机制和网络操作系统有所不同，要求通信速度更快、稳定性更强。

分布式操作系统的结构也不同于其他操作系统，它分布于系统的各台计算机上，能并行地处理用户的各种请求，有较强的容错能力。

（27）**参考答案**：C

试题解析 网络与信息安全保障体系中的安全管理建设，通常需要满足以下五项原则：

①网络与信息安全管理要做到总体策划，确保安全的总体目标和所遵循的原则。

②建立相关组织机构，要明确责任部门，落实具体实施部门。

③做好信息资产分类与控制，保障员工安全、物理环境安全和业务连续性管理等。

④使用技术方法实现通信与操作安全、访问控制、系统开发与维护，以支撑安全目标、安全策略和安全内容的实施。

⑤实施检查安全管理的措施与审计，主要用于检查安全措施的效果，评估安全措施执行的情况和实施效果。

（28）**参考答案**：A

试题解析 信息安全管理的内容包括四方面：组织控制、人员控制、物理控制、技术控制。其中，在组织控制方面，主要包括信息安全策略、信息安全角色与职责、职责分离、管理职责、威胁情报、身份管理、访问控制（因此选择 A）等。

（29）**参考答案**：A

试题解析 《信息安全等级保护管理办法》将信息系统的安全保护等级分为以下五级。

第 1 级：会对公民、法人和其他组织的合法权益造成损害，但不损害国家安全、社会秩序和公共利益。

第 2 级：会对公民、法人和其他组织的合法权益造成严重损害，或者对社会秩序和公共利益造成损害，但不损害国家安全。

第 3 级：会对社会秩序和公共利益造成严重损害，或对国家安全造成损害。

第 4 级：会对社会秩序和公共利益造成特别严重损害，或者对国家安全造成严重损害。

第 5 级：会对国家安全造成特别严重损害。

（30）**参考答案**：A

试题解析 由 X、Y、Z 三个轴形成的信息安全系统三维空间（信息安全的三维模型）就是信息系统的"安全空间"。

X 轴是"安全机制"。安全机制可以理解为提供某些安全服务，利用各种安全技术和技巧，所形成的一个较为完善的结构体系。如"平台安全"机制，实际上就是指安全操作系统、安全数据库、应用开发运营的安全平台以及网络安全管理监控系统等。

Y 轴是"OSI 网络参考模型"。信息安全系统的许多技术、技巧都是在网络的各个层面上实施的，离开网络，信息系统的安全也就失去了意义。

Z 轴是"安全服务"。安全服务就是从网络中的各个层次为信息应用系统提供所需要的安全服务支持。如对等实体认证服务、数据完整性服务、数据保密服务等。

（31）**参考答案**：C

试题解析 有效的项目管理能够帮助个人、群体以及组织做到以下几点：①达成业务目标；②满足干系人的期望；③提高可预测性；④提高成功的概率；⑤在适当的时间交付正确的产品；⑥解决问题和争议；⑦及时应对风险；⑧优化资源使用；⑨识别、挽救或终止失败项目；⑩管理制约因素（例如范围、质量、进度、成本、资源）；⑪平衡制约因素对项目的影响（例如范围扩大可能会增加成本或延长进度）；⑫以更好的方式管理变更等。

有效的项目管理可以提高项目成功的概率，但是不能确保项目成功，这种说法过于绝对，因此选 C。

（32）**参考答案**：C

试题解析 项目组合是指为实现战略目标而组合在一起管理的项目、项目集、子项目组合和运营工作。项目组合管理是指为了实现战略目标而对一个或多个项目组合进行的集中管理。是为了实现战略目标，不是项目目标，因此选 A。

（33）**参考答案**：C

试题解析 项目组合管理的目的是：

①指导组织的投资决策；

②选择项目集与项目的最佳组合方式，以达成战略目标；

③提供决策透明度；

④确定团队资源分配的优先级；

⑤提高实现预期投资回报的可能性；

⑥集中管理所有组成部分的综合风险；

⑦确定项目组合是否符合组织战略。

项目组合中的项目集或项目不一定存在彼此依赖或直接相关的关联关系，因此 C 选项说法错误。

（34）**参考答案**：B

试题解析 依据题意需要给予项目经理较大权限，不适合用职能型的组织结构。在职能型的组织结构中，项目经理权限最小。因此选 B。

（35）**参考答案**：B

试题解析 启动过程组包括两个过程，分别为项目整合管理中的"制定项目章程"和项目干系人管理中的"识别干系人"。

（36）**参考答案**：C

试题解析 制定项目章程是编写一份正式批准项目，并授权项目经理在项目活动中使用组织资源的文件的过程。其主要作用：明确项目与组织战略目标之间的直接联系；正式批准项目，确立项目的正式地位；展示组织对项目的承诺；任命并授权项目经理。

项目章程不能当作合同，在执行外部项目时，通常需要用正式的合同来达成合作协议。

项目章程用于建立组织内部的合作关系，确保正确交付合同内容。项目章程可由发起人编制，也可由项目经理与发起机构合作编制。

（37）**参考答案**：A

试题解析 凸显模型通过评估干系人的权力（职权级别或对项目成果的影响能力）、紧迫性（因时间约束或干系人对项目成果有重大利益诉求而导致需立即加以关注）和合法性（参与的适当性），对干系人进行分类识别。

（38）**参考答案**：B

试题解析 取决于项目本身的性质，规划过程可能需要通过多轮反馈来做进一步分析。随着收集和掌握更多的项目信息或特性，项目很可能需要进一步规划。项目生命周期中发生的重大变更，可能引发重新开展一个或多个规划过程，甚至一个或多个启动过程。因此规划不是一次完成的。

（39）**参考答案**：D

试题解析 制订项目管理计划的输出包括如下方面。

①子管理计划：包括范围管理计划、需求管理计划、进度管理计划、成本管理计划、质量管理计划、资源管理计划、沟通管理计划、风险管理计划、采购管理计划、干系人参与计划。

②基准：包括范围基准、进度基准和成本基准。

③其他组件：虽然在项目管理计划过程中生成的组件会因项目而异，但是通常包括变更管理计划、配置管理计划、绩效测量基准、项目生命周期、开发方法、管理审查。

（40）**参考答案**：D

试题解析 需求管理计划：是项目管理计划的组成部分，描述如何分析、记录和管理需求。主要内容包括：①如何规划、跟踪和报告各种需求活动。②配置管理活动。

③需求优先级排序。④测量指标及使用这些指标的理由。⑤反映哪些需求属性将被列入跟踪矩阵等。

（41）**参考答案：C**

试题解析 收集需求是为实现目标而确定、记录并管理干系人的需要和需求的过程。本过程为定义产品范围和项目范围奠定基础。

让干系人积极参与需求的探索和分解工作，并仔细确定、记录和管理对产品、服务或成果的需求，能直接促进项目成功。它包括发起人、客户和其他干系人的已量化且被书面记录的需要和期望（因此 C 选项错误）。应该足够详细地挖掘、分析和记录这些需求。需求将作为后续工作分解结构（WBS）的基础，也将作为成本、进度、质量和采购规划的基础

（42）**参考答案：B**

试题解析 引导：引导与主题研讨会结合使用，把主要干系人召集在一起定义产品需求。研讨会可用于快速定义跨职能需求并协调干系人的需求差异，有助于参与者之间建立信任、改进关系、改善沟通，从而使干系人达成一致意见并能够更早发现和解决问题。

（43）**参考答案：C**

试题解析 执行过程组需要开展以下 11 类工作。

①按照资源管理计划，从项目执行组织内部或外部获取项目所需的团队资源和实物资源。

②对于团队资源，组建、建设和管理团队。对于实物资源，将其在正确的时间分配到正确的工作上。

③按照采购计划开展采购活动，从项目执行组织外部获取项目所需的资源、产品或服务。

④领导团队按照计划执行项目工作，随时收集能真实反映项目执行情况的工作绩效数据，并完成符合范围、进度、成本和质量要求的可交付成果。

⑤开展管理质量过程相关工作，有效执行质量管理体系。

⑥执行经批准的变更请求，包括纠正措施、缺陷补救和预防措施。

⑦执行经批准的风险应对策略和措施，降低威胁对项目的影响，提升机会对项目的影响。

⑧执行沟通管理计划，管理项目信息的流动，确保干系人了解项目情况。

⑨执行干系人参与计划，维护与干系人之间的关系，引导干系人的期望，促进其积极参与和支持项目。

⑩开展管理项目知识过程相关工作，促进利用现有知识，并形成新知识，进行知识分享和知识转移，促进本项目顺利实施和项目执行组织的发展。

⑪对项目团队成员和项目干系人进行培训或辅导，促进其更好地参与项目。

（44）**参考答案：D**

✍ **试题解析** 工作绩效数据包括已完成的工作、关键绩效指标（KPI）、技术绩效测量结果、进度活动的实际开始日期和完成日期、已完成的故事点、可交付成果状态、进度进展情况、变更请求的数量、缺陷的数量、实际发生的成本和实际持续时间等。

（45）**参考答案**：A

✍ **试题解析** 纠正措施：为使项目工作绩效重新与项目管理计划一致，进行的有目的的活动。纠正措施是为消除已发现的不合格而采取的措施。

（46）**参考答案**：D

✍ **试题解析** 知识管理过程通常包括：知识获取与集成、知识组织与存储、知识分享、知识转移与应用、知识管理审计。

（47）**参考答案**：C

✍ **试题解析** 监控过程组由监督项目执行情况并在必要时采取纠正措施、识别必要的计划变更并启动相应的变更程序等 12 个过程组成，包括：项目范围管理中的"确认范围"和"控制范围"；项目进度管理中的"控制进度"；项目成本管理中的"控制成本"；项目质量管理中的"控制质量"；项目资源管理中的"控制资源"；项目沟通管理中的"监督沟通"；项目风险管理中的"监督风险"；项目采购管理中的"控制采购"；项目干系人管理中的"监督干系人参与"；项目整合管理中的"监控项目工作"和"实施整体变更控制"。

（48）**参考答案**：A

✍ **试题解析** 适用于控制质量过程的数据收集技术包括核对单、核查表、统计抽样和问卷调查等。

①核对单。核对单有助于以结构化方式管理控制质量活动。

②核查表。核查表又称计数表，用于合理排列各种事项，以便有效地收集关于潜在质量问题的有用数据。

③统计抽样。统计抽样是指从目标总体中选取部分样本用于检查。

④问卷调查。问卷调查可用于在部署产品或服务之后收集关于客户满意度的数据。

（49）**参考答案**：D

✍ **试题解析** 确认范围过程与控制质量过程的不同之处在于，前者关注可交付成果的验收，而后者关注可交付成果的正确性及是否满足质量要求。控制质量过程通常先于确认范围过程，但二者也可同时进行。

确认范围是正式验收已完成的项目可交付成果的过程。本过程的主要作用是，使验收过程具有客观性；同时通过确认每个可交付成果来提高最终产品、服务或成果获得验收的可能性。

应由主要干系人，尤其是客户或发起人审查从控制质量过程输出的、已经过核实的可交付成果，确认这些可交付成果已经圆满完成并通过正式验收。确认范围过程依据从项目范围管理知识领域的相应过程获得的输出（如需求文件或范围基准），以及从其他知识领域的执行过程获得的工作绩效数据，对可交付成果的确认和最终验收。

确认范围应该贯穿项目的始终。如果是在项目的各个阶段对项目的范围进行确认，则还要考虑如何通过项目协调来降低项目范围改变的频率，以保证项目范围的改变是有效率和适时的。

（50）**参考答案**：A

🖋 **试题解析** 可用于控制进度过程的数据分析技术主要包括：挣值分析、迭代燃尽图、绩效审查、趋势分析、偏差分析、假设情景分析。备选方案分析是规划进度管理的数据分析技术。因此选 A。

（51）**参考答案**：B

🖋 **试题解析** 系统集成项目在验收阶段的工作内容主要包含四方面，分别是验收测试、系统试运行、系统文档验收以及项目终验。

（52）**参考答案**：A

🖋 **试题解析** 收尾过程组需要开展以下 10 项工作。

①确认所有的项目合同都已经妥善关闭，没有未解决问题。

②获得主要干系人对项目可交付成果的最终验收，确保项目目标已经实现。

③把对项目可交付成果的管理和使用责任转移给指定的干系人，如发起人或客户。这件工作经常可以与最终验收同时开展。

④编制和分发最终的项目绩效报告。这份报告既有利于干系人了解项目的最终绩效，又可称为开展项目后评价的重要依据。

⑤收集、整理并归档项目资料，更新组织过程资产。这是为了保留项目记录，遵守相关法律法规，供后续审计（如果需要开展）使用，以及供以后其他项目借鉴。

⑥收集各主要干系人对项目的反馈意见，调查满意度。

⑦评估项目合规性、实现组织变革和创造商业价值的情况。

⑧全面开展项目后评价，总结经验教训，更新组织过程资产。

⑨开展知识分享和知识转移，为后续的项目成果运营实现商业价值提供支持。

⑩开展财务、法律和行政收尾，宣布正式关闭项目，把对项目可交付成果的管理和使用责任转移给指定的干系人，如发起人或客户。

（53）**参考答案**：C

🖋 **试题解析** 开发文档描述开发过程本身，基本的开发文档包括：

- 可行性研究报告和项目任务书；
- 需求规格说明；
- 功能规格说明；
- 设计规格说明，包括程序和数据规格说明；
- 开发计划；
- 软件集成和测试计划；
- 质量保证计划；
- 安全和测试信息。

（54）**参考答案**：D

试题解析 需求规格说明属于开发文档。

产品文档描述开发过程的产物。基本的产品文档包括：培训手册、参考手册和用户指南、软件支持手册、产品手册和信息广告。

（55）**参考答案**：D

试题解析 配置项的状态可分为"草稿""正式""修改"三种。配置项刚建立时，其状态为"草稿"。配置项通过评审后，其状态变为"正式"。此后若更改配置项，则其状态变为"修改"。当配置项修改完毕并重新通过评审时，其状态又变为"正式"。

（56）**参考答案**：D

试题解析 配置库可以分开发库、受控库、产品库三种类型。

①开发库（动态库、程序员库或工作库）。保存开发人员当前正在开发的配置实体，如新模块、文档、数据元素或在修改的已有元素。动态库中的配置项被置于版本管理之下。动态库是开发人员的个人工作区，由开发人员自行控制。

②受控库（主库）。包含当前的基线以及对基线的变更。受控库中的配置项被置于完全的配置管理之下。在信息系统开发的某个阶段工作结束时，将当前的工作产品存入受控库。

③产品库（静态库、发行库、软件仓库）。包含已发布使用的各种基线的存档，被置于完全的配置管理之下。在开发的信息系统产品完成系统测试之后，作为最终产品存入产品库，等待交付用户或现场安装。

（57）**参考答案**：B

试题解析 基于配置库的变更控制操作过程的正确顺序为：

①将待升级的基线（假设版本号为V2.1）从产品库中取出，放入受控库。

②程序员将欲修改的代码段从受控库中检出（Check out），放入自己的开发库进行修改。代码被 Check out 后即被"锁定"，以保证同一段代码只能同时被一个程序员修改，如果甲正在对其进行修改，乙就无法 Check out。

③程序员将开发库中修改好的代码段检入（Check in）受控库。Check in 后，代码的"锁定"被解除，其他程序员可以 Check out 该段代码了。

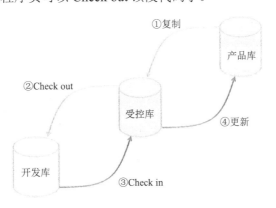

（58）**参考答案**：C

✐ **试题解析** 功能配置审计是指审计配置项的一致性（配置项的实际功效是否与其需求一致），主要包括：

- 验证配置项的开发是否已圆满完成；
- 验证配置项是否已达到配置标识中规定的性能和功能特征；
- 验证配置项的操作和支持文档是否已完成并且符合要求等。

物理配置审计是指审计配置项的完整性（配置项的物理存在是否与预期一致），主要包括：

- 验证要交付的配置项是否存在；
- 验证配置项中是否包含了所有必需的项目等。

（59）**参考答案**：A

✐ **试题解析** 变更提出应当及时以正式方式进行，并留下书面记录。变更的提出可以是各种形式的，但在评估前应以书面形式提出。

变更初审的目的是对变更提出方施加影响，确认变更的必要性，确保变更是有价值的。

变更方案的主要作用，首先是对变更请求是否可实现进行论证，如果可能实现，则将变更请求由技术要求转化为资源需求，以供CCB决策。

处理紧急变更的程序在需要时可以精简，遇到紧急变化时和决策权限变更时可以临时调整。

（60）**参考答案**：D

✐ **试题解析** 信息系统工程监理的技术参考模型由四部分组成，即监理支撑要素、监理运行周期、监理对象和监理内容。参考模型表明，信息系统工程的监理及相关服务工作应建立在监理支撑要素的基础上，根据工程项目的需要，在监理运行周期的规划设计部分，提供相关信息技术咨询服务；在部署实施和运行维护部分，结合各项监理内容，对监理对象进行监督管理及提供相关信息技术服务。

（61）**参考答案**：A

✐ **试题解析** 监理资料是指监理过程中需要的文件资料，主要包括监理大纲、监理规划、监理实施细则、监理意见和监理报告等。

①监理大纲：在投标阶段，由监理单位编制，经监理单位法定代表人（或授权代表）书面批准，用于取得项目委托监理及相关服务合同，宏观指导监理及相关服务过程的纲领性文件。

②监理规划：在总监理工程师的主持下编制，经监理单位技术负责人书面批准，用来指导监理机构全面开展监理及相关服务工作的指导性文件。

③监理实施细则：根据监理规划，由监理工程师编制，并经总监理工程师书面批准，针对工程建设或运维管理中某一方面或某一专业监理及相关服务工作的操作性文件。

④监理意见：在监理过程中，监理机构以书面形式向业主单位或承建单位提出的见解和主张。

⑤监理报告：在监理过程中，监理机构对工程监理及相关服务阶段性的进展情况、专项问题或工程临时出现的事件、事态，通过观察、检测、调查等活动，形成以书面形式向业主单位提出的陈述。

（62）**参考答案**：D

试题解析 参考（61）的试题解析。

（63）**参考答案**：B

试题解析 旁站监理：在某些关键部位或关键工序的施工过程中，由监理人员在现场进行的监督或见证活动。

（64）**参考答案**：B

试题解析 项目验收阶段是全面验证和认可项目实施成果的阶段，由于信息系统工程的特殊性，在进行信息系统工程建设项目的验收时，有必要坚持以测试为基础、以事实为依据。一般情况下，监理机构需要参加验收阶段的各项管理工作，并非只进行监督和检查（并非全程负责项目的测试和验收工作，而是参与其中的管理、协调和审查工作，因此 B 选项错误）。

在验收阶段，监理服务的基础活动主要包括：①审核项目测试验收方案（验收目标、双方责任、验收提交清单、验收标准、验收方式、验收环境等）的符合性及可行性；②协调承建单位配合第三方测试机构进行项目系统测评；③促使项目的最终功能和性能符合承建合同、法律法规和标准的要求；④促使承建单位所提供的项目各阶段形成的技术、管理文档的内容和种类符合相关标准。

（65）**参考答案**：C

试题解析 监理规划是实施监理及相关服务工作的指导性文件。监理规划的编制应针对项目的实际情况，明确监理机构的工作目标，确定具体的监理工作制度、方法和措施。监理规划编制的程序：①在签订监理合同后，总监理工程师应主持编制监理规划；②监理规划完成后，应经监理单位技术负责人审批；③监理规划在报送业主单位并得到确认后生效。

（66）**参考答案**：A

试题解析 中国特色社会主义法律体系，是以宪法为统帅，以法律为主干，以行政法规、地方性法规为重要组成部分，由宪法相关法、民法商法、行政法、经济法、社会法、刑法、诉讼与非诉讼程序法等多个法律部门组成的有机统一整体。

（67）**参考答案**：C

试题解析 我国最高权力机关全国人民代表大会和全国人民代表大会常务委员会行使国家立法权，立法通过后，由国家主席签署主席令予以公布。

（68）**参考答案**：B

试题解析 道德是由一定的社会经济关系所决定的特殊意识形态。社会存在决定社会意识，而社会经济关系是最根本的社会存在。道德作为一种社会意识，必然由一定的社会经济关系所决定。道德具有非强制性，但与法律一样，都是调控社会关系和人们行为的重要机制。通俗地讲，道德就是自己管自己的一组规矩。每一种文化都有自己的一种全民接受的公认的道德规范。但是落实到每一个公民，每个公民的道德水平不一样。

道德的具体含义如下：
- 道德的主要功能是规范人们的思想和行为。
- 道德是依靠舆论、信念和习俗等非强制性手段起作用的。
- 道德以善恶观念为标准来评价人们的思想和行为。

(69) **参考答案**：C

试题解析 职业道德的主要内容包括：爱岗敬业、诚实守信、办事公道、服务群众和奉献社会。

(70) **参考答案**：D

试题解析 职业道德具有 7 个特征：职业性、普遍性、自律性、他律性、鲜明的行业性和多样性、继承性和相对稳定性、很强的实践性。

(71) **参考答案**：C

试题解析 题意翻译：实施整体变更控制过程是从项目开始贯穿到项目结束的，并且是 (71) 的最终责任。

A．CCB B．项目管理办公室 C．项目经理 D．配置管理员

解析：实施整体变更控制由项目经理负最终责任。

(72) **参考答案**：D

试题解析 题意翻译：团队成员之间相互依靠，平稳高效地解决问题，这说明团队此时处于 (72) 的阶段。

A．形成 B．震荡 C．规范 D．成熟

解析：在成熟阶段，团队就像一个组织有序的单位一样，团队成员之间相互依靠，平稳高效地解决问题。

(73) **参考答案**：A

试题解析 题意翻译： (73) 阶段是团队成员会面并了解项目及其正式角色与责任的阶段。

A．形成 B．震荡 C．规范 D．执行

解析：在形成阶段，团队成员相互认识，并了解项目情况及他们在项目中的正式角色与职责。在这一阶段，团队成员倾向于相互独立，不一定开诚布公。

(74) **参考答案**：C

试题解析 题意翻译： (74) 是关于有效使用项目过程的。它包括遵循和满足标准，以确保产品满足客户的需要、期望和要求。

A．计划质量管理 B．质量保证 C．质量控制 D．工程质量

解析：质量控制是为了评估绩效，确保项目输出完整、正确且满足客户的期望，而监督和记录质量管理活动执行结果的过程。

(75) **参考答案**：C

🔖**试题解析** 题意翻译：项目管理过程组应分为启动过程组、规划过程组、___(75)___ 过程组、监控过程组和收尾过程组。

A．发展　　　　　B．测试　　　　　C．执行　　　D．开始

解析：项目管理五大过程组：启动过程组、规划过程组、执行过程组、监控过程组、收尾过程组。

全国计算机技术与软件专业技术资格（水平）考试

系统集成项目管理工程师机考试题终极预测 第3套

应用技术题参考答案/试题解析

试题一参考答案与试题解析

【问题1】

参考答案：

完成时间	第1周	第2周	第3周	第4周	第5周
PV	50	120	240	300	410
EV	50	90	240	300	410
AC	60	90	260	310	410
SPI	1	0.75	1	1.00	1
CPI	0.83	1.00	0.92	0.97	1.00

试题解析

本题重在考查有关计划值 PV、挣值 EV、实际成本 AC、进度绩效指数 SPI 和成本绩效指数 CPI 指标的理解和计算。

本题中单位工作量成本为 1，所以"计划工作量"与"计划成本"相等，也就等于 PV。PV 是指项目实施过程中某阶段计划要求完成的工作量所需的预算工时或费用，主要反映进度计划应完成的工作量（不包括管理储备），项目的总计划值也叫完工预算 BAC。

EV 是指已完成工作对应的计划值，即已完成工作计划预算是多少钱。

AC 是指在特定时刻已完成工作的实际产生的成本。

SPI 是测量进度效率的指标，即挣值 EV 与计划值 PV 的比值=EV/PV，若 SPI 大于 1，则说明进度超前，若小于 1，则说明进度落后。

CPI 是测量成本效率的指标，即挣值 EV 与实际成本 AC 的比值=EV/AC，若 CPI 大于 1，则说明成本节约，若小于 1，则说明成本超支。

【问题2】

参考答案：

第 2 周时，SPI=0.75＜1，说明项目进度落后；而 CPI=1，则说明成本刚好符合计划预算。

试题解析

根据问题 1 得出的表格数据可知，第 2 周的 SPI=0.75＜1，说明项目进度落后；而 CPI=1，则说明成本刚好符合计划预算。

【问题3】

参考答案：

①项目无法通过验收、质量下降、干系人不满意等风险。
②增加资源协调和管理的难度，同时会增加质量风险，也会增加成本。
③增加成本，风险增加，赶工后仍有可能无法缩减工期。

🔖 **试题解析**

从第 2 周的绩效来看，面临的主要问题是项目进度落后。在不缩减项目范围的前提下，进度压缩的方法有赶工和快速跟进。

赶工，是通过增加资源，以最小的成本代价来压缩进度工期的技术。但赶工会增加相应的成本，另外，赵工还需要判断需要针对哪些活动来赶工，往往需要对关键路径上的关键活动实施赶工，同时应注意，赶工并不总是可行的，还会带来风险增加。

快速跟进，是将原本按顺序进行的活动改为并行开展以提升进度效率和缩短工期，这样会增加资源协调和管理的难度，同时会增加质量风险，也会增加成本。

赶工和快速跟进是在不缩减项目范围的前提下进行的，若减小活动范围或降低活动要求，则意味着会直接降低项目整体的质量标准和交付标准，可能会直接导致可交付成果无法顺利通过验收的风险。

【问题 4】

📋 **参考答案：**

本项目的 BAC 为 410，第 3 周时的 EV=240，AC=260，则 CPI 为 0.92。

题中已告知，赵工认为当前的偏差状态会持续到收尾，EAC=BAC/CPI=410/0.92=446。

完工偏差 VAC=BAC−EAC=410−446=−36，故会超过计划成本 36 万元。

🔖 **试题解析**

若计算总成本的超额数量，即完工偏差 VAC，表示项目完工成本的估算差异，即完工预算 BAC 与完工估算 EAC 的差额，即 VAC=BAC−EAC。

完工估算 EAC 表示当前已完成工作的实际成本 AC 与未完成工作的尚需估算 ETC 的和，即 EAC=AC+ETC。

若题目告知当前的偏差状态预计后续不再持续，则 EAC=AC+ETC；若当前的偏差状态预计后续保持不变，则 EAC=BAC/CPI。

试题二参考答案与试题解析

【问题 1】

📋 **参考答案：**

项目验收、项目移交、项目总结

🔖 **试题解析**

本题考查项目整合管理知识领域中项目收尾过程组的相关知识点，项目收尾过程组对项目或项目阶段收官有重要意义，其重点工作包含项目验收、项目移交、项目总结三个阶段，项目验收和项目移交的具体内容分别如下：

项目验收主要包含四方面的工作内容，分别是验收测试、系统试运行、系统文档验收及项目终验。

项目移交通常包含向三个主要移交对象移交，分别是向用户移交、向运营和支持团队移交及向组织移交过程资产。

考生在答题时注意观察题目要求，区分项目收尾过程组的基本工作内容和重点工作内容，本题考查的是重点工作内容。

【问题2】

参考答案：

（1）安全机制、OSI网络参考模型、安全服务

（2）认证、权限、完整、加密、不可否认

试题解析

对于系统集成项目管理来说，各模块的安全知识都很重要。本题重点考查的并不是项目十大管理中各过程组的内容，而是信息安全工程章节中信息安全系统的安全空间的相关知识。

信息安全系统的"安全空间"是由 X、Y、Z 三个轴形成的信息安全系统三维空间（如下图所示）：

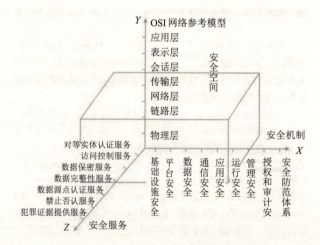

X 轴是"安全机制"。安全机制可以理解为提供某些安全服务，利用各种安全技术和技巧，所形成的一个较为完善的结构体系。如"平台安全"机制，实际上就是指安全操作系统、安全数据库、应用开发运营的安全平台以及网络安全管理监控系统等。

Y 轴是"OSI网络参考模型"。信息安全系统的许多技术、技巧都是在网络的各个层面上实施的，离开网络，信息系统的安全也就失去了意义。

Z 轴是"安全服务"。安全服务就是指从网络中的各个层次提供给信息应用系统所需要的安全服务支持。如对等实体认证服务、数据完整性服务、数据保密服务等。

随着网络逐层扩展，这个空间不仅范围逐步加大，安全的内涵也更加丰富，具有认证、权限、完整、加密和不可否认五大要素，也叫作安全空间的五大属性。

【问题3】
参考答案：
（1）× （2）√ （3）× （4）×

🔍 **试题解析**

项目收尾过程组的重点工作有三项，分别是项目验收、项目移交和项目总结，项目验收是项目收尾中的首要环节，只有完成项目验收工作之后，才能进入后续其他两个工作阶段。

项目验收包含验收测试、系统试运行、系统文档验收和项目终验，若通过项目终验则标志着项目的结束和售后服务的开始。但如果项目在完工前就提前终止，则结束项目或阶段过程还需要制定程序，来调查和记录提前终止的原因，此时项目经理应该引导所有干系人参与该过程。

项目移交通常包含向三个移交对象移交，分别是向用户移交、向运营和支持团队移交、向组织移交过程资产。

【问题4】
参考答案：
①项目目标：包括项目价值和目标的完成情况、具体的项目计划完成率等，作为全体参与项目成员的共同成绩。

②技术绩效：最终的工作范围与项目初期的工作范围的比较结果是什么，工作范围上有什么变更，项目的相关变更是否合理，处理是否有效，变更是否对项目质量、进度和成本等有重大影响，项目的各项工作是否符合预计的质量标准，是否达到客户满意度。

③成本绩效：最终的项目成本与原始的项目预算费用，包括项目范围的有关变更增加的预算是否存在大的差距，项目盈利状况如何。这涉及项目组成员的绩效和奖金的分配。

④进度计划绩效：最终的项目进度与原始的项目进度计划的比较结果是什么，进度为何提前或者延后，是什么原因造成的。

⑤项目的沟通：是否建立了完善并有效利用的沟通体系；是否让客户参与过项目决策和执行的工作；是否要求让客户定期检查项目的状况；与客户是否有定期的沟通和阶段总结会议，是否及时通知客户潜在的问题，并邀请客户参与问题的解决等；项目沟通计划完成情况如何；项目内部会议记录资料是否完备等。

⑥识别问题和解决问题：项目中发生的问题是否解决，出现问题的原因是否可以避免，如何改进项目的管理和执行等。

⑦意见和改进建议：项目成员对项目管理本身和项目执行计划是否有合理化建议和意见，这些建议和意见是否得到大多数项目成员的认可，是否能在未来项目中予以改进。

试题三参考答案与试题解析

【问题 1】

参考答案：

项目范围管理共涉及 2 个管理过程组：规划过程组和监控过程组。

规划过程组包含 4 个活动过程：规划范围管理、收集需求、定义范围、创建 WBS。

监控过程组包含 2 个活动过程：确认范围、控制范围。

🖋 **试题解析**

本题着重考查项目范围管理的所有活动过程要点，同时要对各管理过程进行过程组归属分类，要求考生平时在学习中掌握十五至尊图的架构，十五至尊图的内容是学习本课程的重要条件，考生应重点关注，需要在理解的基础上掌握。

项目范围管理领域中共有 6 个管理过程，涉及规划过程组的有 4 个，即：规划范围管理、收集需求、定义范围、创建 WBS，涉及监控过程组的有 2 个，即：确认范围和控制范围。

【问题 2】

参考答案：

《项目范围说明书》包括的内容有：产品范围描述、可交付成果、验收标准、项目的除外责任。

🖋 **试题解析**

本题考查项目范围管理领域，规划过程组中定义范围过程的输出《项目范围说明书》的知识点，《项目范围说明书》是本过程输出的重要内容，它是对项目范围、主要可交付成果、假设条件和制约因素的集中描述，不仅能明确什么该做、什么不该做，还能帮助项目团队进行更详细的规划，指导项目团队开展工作，还为评价变更请求提供边界基准，更体现了项目干系人对于项目范围所达成的共识。项目经理在定义范围过程期间，应足够重视，保证《项目范围说明书》的详细、规范，为项目成功交付奠定重要的基础。

【问题 3】

参考答案：

（1）工作包

（2）可交付成果

（3）范围

（4）4~6

（5）独立责任

🖋 **试题解析**

本题以填空的形式来考查项目范围管理领域，规划过程组中最后一个过程"创建 WBS"的知识点。项目组在进行完定义活动过程后，通过创建 WBS 把项目可交付成果和项目工作分解为较小、易于管理的组件，将项目范围和交付成果具象为工作包，清晰地指导项目组开展工作。创建WBS的原则和注意事项有8个方面，考生应理解并掌握：

①WBS必须是面向可交付成果的。项目的目标是提供产品或服务，WBS中的各项工作是为提供可交付的成果服务的。WBS并没有明确地要求重复循环的工作，但为了达到里程碑，有些工作可能要进行多次。最明显的例子是软件测试，软件必须经过多次测试后才能作为可交付成果。

②WBS必须符合项目的范围。WBS必须包括，也仅包括为了完成项目的可交付成果而进行的活动。100%原则（包含原则）认为，在WBS中，所有下一级的元素之和必须100%代表上一级元素。如果WBS没有覆盖全部的项目可交付成果，那么最后提交的产品或服务是无法让用户满意的。

③WBS的底层应该支持计划和控制。WBS是项目管理计划和项目范围之间的桥梁，WBS的底层不但要支持项目管理计划，而且要让管理层能够监视和控制项目的进度和预算。

④WBS中的元素必须有人负责，而且只由一个人负责。如果存在没有人负责的内容，那么WBS发布后，项目团队成员将很少能够意识到自己和其中内容上的联系。WBS和责任人可以使用工作责任矩阵来描述。在一些参考文献中，这个规定又称为独立责任原则。

⑤WBS应控制在4~6层。如果项目规模比较大，以至于WBS要超过6层，此时可以使用项目分解结构将大项目分解成子项目，然后针对子项目来做WBS。每个级别的WBS将上一级的一个元素分为4~7个新的元素，同一级的元素的大小应该相似。一个工作单元只能从属于某个上层单元，避免交叉从属。

⑥WBS应包括项目管理工作（因为管理是项目具体工作的一部分），也要包括分包出去的工作。

⑦WBS的编制需要所有（主要）项目干系人的参与。各项目干系人站在自己的立场上，对同一个项目可能编制出差别较大的WBS。项目经理应该组织他们进行讨论，以便编制出一份大家都能接受的WBS。

⑧WBS并非一成不变的。在完成WBS之后的工作中，仍然有可能需要对WBS进行修改。如果没有合理的范围控制，仅仅依靠WBS会使得后面的工作僵化。

试题四参考答案与试题解析

【问题1】

参考答案：
质量管理计划的内容一般包括：
①项目采用的质量标准；
②项目的质量目标；
③质量角色与职责；
④需要质量审查的项目可交付成果和过程；

⑤为项目规划的质量控制和质量管理活动；
⑥项目使用的质量工具；
⑦与项目有关的主要程序。

🔖 试题解析

本题考查项目质量管理领域，规划过程组中规划质量管理过程的输出《质量管理计划》相关知识。

质量管理计划是项目管理计划的组成部分，描述如何实施适用的政策、程序和指南以实现质量目标。它描述了项目管理团队为实现一系列项目质量目标所需的活动和资源。质量管理计划可以是正式或非正式的，非常详细或高度概括的，其风格与详细程度取决于项目的具体需要。应该在项目早期就对质量管理计划进行评审，以确保决策是基于准确信息的。

【问题2】
参考答案：
管理质量过程的主要工作包括：
①执行质量管理计划中规划的质量管理活动，确保项目工作过程和工作成果达到质量测量指标及质量标准。
②把质量标准和质量测量指标转化成测试与评估文件，供控制质量过程使用。
③根据风险评估报告识别与处置项目质量目标的机会和威胁，以便提出必要的变更请求，如调整质量管理方法或质量测量指标等。
④根据质量控制测量结果评价质量管理绩效及质量管理体系的合理性，以便提出必要的变更请求，实现过程改进。
⑤质量管理持续优化改进，需参考已记入经验教训登记册的质量管理经验教训。
⑥根据质量管理计划、质量测量指标、质量控制测量结果、管理质量过程的实施情况等，编制质量报告，并向项目干系人报告项目质量绩效。

🔖 试题解析

本题考查项目质量管理领域，执行过程组中管理质量过程的相关知识。

【问题3】
参考答案：
（1）评估成本
（2）预防成本
（3）失败成本
（4）评估

🔖 试题解析

本题考查项目质量管理领域，规划过程组中规划质量管理过程的工具与技术"数据分析"的相关知识，主要考查考生对于质量成本内容的理解和掌握。

全国计算机技术与软件专业技术资格（水平）考试

系统集成项目管理工程师机考试题终极预测 第4套

基础知识题参考答案/试题解析

（1）**参考答案**：B

试题解析 精确性确实是指对事物状态描述的精准程度；完整性要求信息应包括所有重要事实；安全性是指信息在生命周期中只能被授权访问，非授权访问的可能性越低，信息的安全性越高。而经济性是指信息获取、传输带来的成本在可接受的范围之内，并非指成本越低越好，因为成本和质量之间通常存在权衡，故选B。

（2）**参考答案**：B

试题解析 现代化基础设施通常指的是利用先进技术来提高效率和可持续发展性的基础结构。其中，A选项"5G通信技术"代表了当前通信领域的最高水平，是现代化基础设施的重要组成部分；C选项"高速铁路网络"代表了交通领域的现代化；D选项"物联网（IoT）技术"则是实现智能化、自动化的关键；而B选项"传统燃煤发电厂"虽然曾经是基础设施的重要组成部分，但在现代化和环保的趋势下，它通常不被视为关键组成部分，因为它与清洁、高效的能源利用方式相悖。

（3）**参考答案**：B

试题解析 运算器的功能是对数据进行各种算术运算和逻辑运算，即对数据进行加工处理。运算器的基本操作包括加、减、乘、除四则运算，与、或、非、异或等逻辑操作，以及移位、比较和传送等操作，亦称算术逻辑部件（ALU）。计算机运行时，运算器的操作和操作种类由控制器决定，运算器接受控制器的命令而进行动作，即运算器所进行的全部操作都是由控制器发出的控制信号来指挥的。

（4）**参考答案**：C

试题解析 A选项错误，这是局域网（LAN）的用途。

B选项错误，城域网也传输数据业务。

C选项正确，城域网使用具有有源交换元件的局域网技术，传输时延较小。

D选项错误，城域网（MAN）和广域网（WAN）在实现方法与性能上有很大差别。

（5）**参考答案**：C

试题解析 A选项错误。物联网架构中并没有专门的"控制层"。感知层负责信息的收集和识别，应用层负责处理信息并提供服务，但没有"控制层"这个单独的层次。

B选项错误。物联网架构中并没有专门的"数据层"和"传输层"。虽然数据在网络层进行传输，但"传输层"并不足以概括网络层的全部功能，因为网络层还负责数据的路由和转发等。

C选项正确。物联网架构通常被划分为感知层、网络层和应用层。感知层负责物理信息的采集和识别，网络层负责数据的传输和通信，应用层则负责数据的处理和应用。

D 选项错误。物联网架构中的层次划分并不直接对应"采集层""处理层"和"展示层"。虽然这三个术语在某种程度上描述了物联网的部分功能，但它们并不是物联网架构的标准层次划分。

（6）**参考答案**：A

🖉**试题解析** IT 服务生命周期的四个阶段，按照顺序排列应为战略规划（S）、设计实现（D）、运营提升（O）、退役终止（R），即 SDOR。因此，正确答案是 A。

（7）**参考答案**：B

🖉**试题解析** 框架是一个概念性结构，对架构设计至关重要。

框架是将组织业务内容的关注度进行合理的分离，以角色为出发点从不同视角展示组织业务的内容（白话：框架就是把业务流程合理分层，构建层次性的结构）。

框架为架构设计提供路线图，引导和帮助其达到建设先进、高效且适用架构的目标。（简称：三层四系统，口诀：战略务用基础）。下图为信息系统体系架构的总体框架。

图 信息系统体系架构的总体框架

（8）**参考答案**：C

🖉**试题解析** 信息安全保障体系框架包括：技术体系、组织机构体系和管理体系等三部分。

（9）**参考答案**：C

🖉**试题解析** 质量功能部署即 Quality Function Deployment（QFD），是一种适用于产品设计和开发的工具和方法。它通过转化消费者需求为设计要点，提供了一种系统的方法来将客户需求、产品功能和质量指标相互关联，以满足和提高客户满意度。

（10）**参考答案**：B

🖉**试题解析** 白盒测试（结构测试），主要用于软件单元测试，方法包括控制流测试、数据流测试和程序变异测试等。

最常用的技术是逻辑覆盖，有语句覆盖、判定覆盖、条件覆盖、条件/判定覆盖、条件组合覆盖、修正的条件/判定覆盖和路径覆盖等。

（11）**参考答案**：C

🖉**试题解析** A 选项错误。数据质量不仅关注数据的准确性，还关注其他因素如完整性、一致性、及时性等。

B 选项错误。数据质量元素分为：数据质量定量元素、数据质量非定量元素。

D 选项错误。数据质量受到数据源的影响，因为多源数据可能导致理解偏差，从而引发数据质量问题。

C 选项正确。

（12）**参考答案**：B

试题解析 常见的数据可视化表现形式有一维数据可视化、二维数据可视化、三维数据可视化、多维数据可视化、时态数据可视化、层次数据可视化和网络数据可视化。其中层次数据（即树形数据）可视化，其数据内在结构特征为：每个节点都有一个父节点（根节点除外）。节点分兄弟节点（拥有同一个父节点的节点）和子节点（从属该节点的节点）。拥有这种结构的数据很常见，如商业组织、计算机文件系统和家谱图都是按树形结构排列的层次数据，故选 B。

（13）**参考答案**：B

试题解析 A 选项错误。数据仓库是面向分析的，主要用于支持决策过程，而不是面向操作的实时事务处理。

B 选项正确。数据仓库是一个面向主题的、集成的、非易失的且随时间变化的数据集合，用于支持管理决策。

C 选项错误。数据仓库中的数据主要是为决策分析提供，通常不会实时更新，而是定期加载和刷新。

D 选项错误。数据仓库中的数据是从多个异构的数据源中抽取、清洗、集成后得到的，需要保证数据的一致性和全局性。

（14）**参考答案**：B

试题解析 楼宇自控系统通过与现场控制器相连的各种检测和执行器件，对大楼内外的各种环境参数以及楼内各种设备（如空调、给排水、照明、供配电、电梯等设备）的工作状态进行检测、监视和控制，并通过计算机网络连接各现场控制器，对楼内的资源和设备进行合理分配和管理，达到舒适、便捷、节省、可靠的目的。楼宇自控系统不同厂家的产品所采用的通信协议各不相同，其现场总线和控制总线的拓扑结构和传输介质也就不同。

（15）**参考答案**：C

试题解析 在人员控制方面，主要包括筛选、雇佣、信息安全意识与教育、保密或保密协议、远程办公、安全纪律等。C 选项属于组织控制中的职责分离。

（16）**参考答案**：C

试题解析 第二级安全保护能力：应能够防护免受来自外部小型组织的、拥有少量资源的威胁源发起的恶意攻击、一般的自然灾难，以及其他相当危害程度的威胁所造成的重要资源损害，能够发现重要的安全漏洞和处置安全事件，在自身遭到损害后，能够在一段时间内恢复部分功能。

（17）**参考答案**：A

试题解析 由 X、Y、Z 三个轴形成的信息安全系统三维空间就是信息系统的"安全空间"。

X 轴是"安全机制"。安全机制可以理解为提供某些安全服务，利用各种安全技术和技巧，所形成的一个较为完善的结构体系。如"平台安全机制"，实际上就是指安全操作系统、安全数据库、应用开发运营的安全平台以及网络安全管理监控系统等。

Y 轴是"OSI 网络参考模型"。信息安全系统的许多技术、技巧都是在网络的各个层面上实施的，离开网络，信息系统的安全也就失去了意义。

Z 轴是"安全服务"。安全服务就是从网络中的各个层次提供给信息应用系统所需要的安全服务支持。如对等实体认证服务、数据完整性服务、数据保密服务等。

（18）参考答案：B

试题解析　Level 2：规划和跟踪级包括：

规划执行

2.1.1 为执行过程域分配足够资源

2.1.2 为开发工作产品和提供过程域服务指定责任人

2.1.3 将过程域执行的方法形成标准化和程序化文档（A 选项）

2.1.4 提供支持执行过程域的有关工具

2.1.5 保证过程域执行人员获得适当的过程执行方面的培训

2.1.6 对过程域的实施进行规划

规范化执行

2.2.1 在执行过程域中，使用文档化的规划、标准和（或）程序（C 选项）

2.2.2 在需要的地方将过程域的工作产品置于版本控制和配置管理之下

验证执行

2.3.1 验证过程与可用标准和（或）程序的一致性（D 选项）

2.3.2 审计工作产品（验证工作产品遵从可适用标准和（或）需求的情况）

跟踪执行

2.4.1 用测量跟踪过程域相对于规划的态势

2.4.2 当进程严重偏离规划时采取必要修正措施

综上所述，本题参考答案为 B 选项。

（19）参考答案：C

试题解析　信息安全系统工程实施过程分解为工程过程、风险过程、保证过程。

（20）参考答案：D

试题解析　PMO 有几种不同的类型，它们对项目的控制和影响程度各不相同，主要有支持型、控制型和指令型。

（21）参考答案：D

试题解析　通用的生命周期结构具有以下两方面的主要特征：①成本与人力投入水平在开始时较低，在工作执行期间达到最高，并在项目快要结束时迅速回落。②风险与不确定性在项目开始时最大，并在项目的整个生命周期中随着决策的制定与可交付成果的验收而逐步降低；做出变更和纠正错误的成本随着项目越来越接近完成而显著增高。不确定性在项目初始阶段是最大的，因此说法错误的是 D 选项。

（22）**参考答案**：B

🔑 **试题解析** 各生命周期之间的联系与区别见下表。

预测型	迭代型与增量型	适应型
需求在开发前预先确定	需求在交付期间定期细化	需求在交付期间频繁细化
针对最终可交付成果制订交付计划，然后在项目结束时一次交付最终产品	分次交付整体项目或产品的各个子集	频繁交付对客户有价值的各个子集
尽量限制变更	定期把变更融入项目	在交付期间实时把变更融入项目
关键干系人在特定里程碑点参与	关键干系人定期参与	关键干系人持续参与
通过对基本已知的情况编制详细计划来控制风险和成本	通过用新信息逐渐细化计划来控制风险和成本	随着需求和制约因素的显现而控制风险和成本

（23）**参考答案**：A

🔑 **试题解析** 技术可行性分析是指在当前的技术、产品条件限制下，分析能否利用现在拥有的及可能拥有的技术能力、产品功能、人力资源来实现项目的目标、功能、性能，能否在规定的时间期限内完成整个项目。

技术可行性分析一般应考虑的因素包括如下内容。

①进行项目开发的风险：在给定的限制范围和时间期限内，能否设计出预期的系统，并实现必需的功能和性能。

②人力资源的有效性：可以用于项目开发的技术人员队伍是否可以建立，是否存在人力资源不足、技术能力欠缺等问题，是否可以在社会上或者通过培训获得所需要的熟练技术人员。

③技术能力的可能性：相关技术的发展趋势和当前所掌握的技术是否支持该项目的开发，是否存在支持该技术的开发环境、平台和工具。

④物资（产品）的可用性：是否存在可以用于建立系统的其他资源，如一些设备及可行的替代产品等。

⑤技术可行性分析往往决定了项目的方向，一旦技术人员在评估技术可行性分析时估计错误，将会出现严重的后果，造成项目根本上的失败。

（24）**参考答案**：D

🔑 **试题解析** 社会效益可行性分析主要包括以下内容。

①品牌效益：指通过项目建设、服务等为组织的知名度提升及正向特征带来的收益。

②竞争力效益：指通过项目预期成果能够为组织在行业或领域中获得更好竞争优势的收益。

③技术创新效益：指在项目的建设过程中通过对技术矛盾或难点的攻克，为组织技术能力积累，以及产品与服务创新等方面带来的收益。

④人员提升收益：指通过项目锻炼和人员知识、技能、经验的应用，为组织人员能力提升或骨干人员培育等方面带来的收益。

⑤管理提升效益：指通过项目过程管控以及项目管理与组织管理的实践融合等，为组织的管理水平提升带来的收益。

（25）参考答案：C

🖋**试题解析** 项目评估指在项目可行性研究的基础上，由第三方（国家、银行或有关机构）根据国家颁布的政策、法规、方法、参数和条例等，从国民经济与社会、组织业务等角度出发，对拟建项目建设的必要性、建设条件、生产条件、市场需求、工程技术、经济效益和社会效益等进行评价、分析和论证，进而判断其是否可行的一个评估过程。项目评估是项目投资前期进行决策管理的重要环节，其目的是审查项目可行性研究的可靠性、真实性和客观性，为银行的贷款决策或行政主管部门的审批决策提供科学依据。项目评估的最终成果是项目评估报告。

（26）参考答案：B

🖋**试题解析** 项目管理者在坚持"促进干系人有效参与"原则时，应该关注以下关键点：

①干系人会影响项目、绩效和成果。

②项目团队通过与干系人互动来为干系人服务。

③干系人的参与可主动地推进价值交付。

（27）参考答案：D

🖋**试题解析** 项目章程记录了关于项目和项目预期交付的产品、服务或成果的高层级信息。制定项目章程的输出主要包括：

①项目目的。

②可测量的项目目标和相关的成功标准。

③高层级需求。

④高层级项目描述、边界定义以及主要可交付成果。

⑤项目整体风险。

⑥总体里程碑进度计划。

⑦预先批准的财务资源。

⑧关键干系人名单。

⑨项目审批要求（例如，评价项目成功的标准，由谁对项目成功下结论，由谁签署项目结束）。

⑩项目退出标准（例如，在何种条件下才能关闭或取消项目或阶段）。

⑪发起人或其他批准项目章程的人员的姓名和职权等。

（28）参考答案：C

🖋**试题解析** 范围管理计划是项目管理计划的组成部分，描述将如何定义、制定、监督、控制和确认项目范围。范围管理计划用于指导如下过程和相关工作：制定项目范围说明书；根据详细项目范围说明书创建 WBS；确定如何审批和维护范围基准；正式验收已完成的项目可交付成果。根据项目需要，范围管理计划可以是正式或非正式的，非常详细或高度概括的。

（29）**参考答案**：B

🕮 **试题解析** 可用于收集需求过程的数据分析技术是文件分析。文件分析指审核和评估任何相关的文件信息。在此过程中，文件分析通过分析现有文件，识别与需求相关的信息来获取需求，可供分析并有助于获取需求的文件包括协议，商业计划，业务流程或接口文档，业务规则库，现行流程，市场文献，问题日志，政策、程序或法规文件（如法律、准则、法令等），建议邀请书，用例等。

（30）**参考答案**：B

🕮 **试题解析** 项目范围说明书描述要做和不要做的工作的详细程度，决定着项目管理团队控制整个项目范围的有效程度。详细的项目范围说明书包括的内容有产品范围描述、可交付成果、验收标准、项目的除外责任等。

①产品范围描述：逐步细化在项目章程和需求文件中所述的产品、服务或成果特征。

②可交付成果：为完成某一过程、阶段或项目而必须产出的任何独特并可核实的产品、成果或服务能力，可交付成果也包括各种辅助成果，如项目管理报告和文件。对可交付成果的描述可略可详。

③验收标准：可交付成果通过验收前必须满足的一系列条件。

④项目的除外责任：识别排除在项目之外的内容。明确说明哪些内容不属于项目范围，有助于管理干系人的期望及减少范围蔓延。

（31）**参考答案**：B

🕮 **试题解析** 分解是指把项目范围和项目可交付成果逐步划分为更小、更便于管理的单元，直到可交付物细分到足以用来支持未来的项目活动定义的工作包。要把整个项目工作分解为工作包，通常需要开展以下活动：

①识别和分析可交付成果及相关工作。

②确定 WBS 的结构和编排方法。

③自上而下逐层细化分解。

④为 WBS 组成部分制定和分配标识编码。

⑤核实可交付成果分解的程度是否恰当。

（32）**参考答案**：A

🕮 **试题解析** 活动属性是指每项活动所具有的多重属性，用来扩充对活动的描述。活动属性随着项目进展情况演进并更新。在项目初始阶段，活动属性包括唯一活动标识（ID）、WBS 标识和活动标签或名称；在活动属性编制完成时，活动属性可能包括活动描述、紧前活动、紧后活动、逻辑关系、提前量和滞后量、资源需求、强制日期、制约因素和假设条件。活动属性可用于识别开展工作的地点、编制开展活动的项目日历以及相关的活动类型。

（33）**参考答案**：D

🖋 **试题解析** 开始到开始（SS）：只有紧前活动开始，紧后活动才能开始的逻辑关系。

提前量是相对于紧前活动，紧后活动可提前的时间量，提前量一般用负值表示。滞后量是相对于紧前活动，紧后活动需要推迟的时间量，滞后量一般用正值表示。

活动 H 和 I 是开始-开始的关系，即活动 H 开始 10 天后，开始活动 I。

（34）**参考答案**：B

🖋 **试题解析** 用三点估算法得到的工期=（乐观估计时间+4×最可能估计时间+悲观估计时间）/6 =（35+42×4+55）/6 = 43。

（35）**参考答案**：D

🖋 **试题解析** 项目网络图中关键路径的特点如下。

①在整个网络图中最长的路径就叫关键路径，决定着可能的项目最短工期。关键路径上的活动持续时间决定了项目的工期，关键路径上所有活动的持续时间总和就是项目的工期。

②关键路径上的任何一个活动都是关键活动，其中任何一个活动的延迟都会导致整个项目完工时间的延迟。

③关键路径上的耗时是可以完工的最短时间量，若缩短关键路径的总耗时，会缩短项目工期；反之，则会延长整个项目的总工期。但是如果缩短非关键路径上的各个活动所需要的时间，也不至于影响工程的完工时间。

④关键路径上活动是总时差最小的活动，改变其中某个活动的耗时，可能使关键路径发生变化。

⑤可以存在多条关键路径，它们各自的时间总量（即可完工的总工期）肯定相等。

⑥关键路径是相对的，也可以是变化的。在采取一定的技术组织措施之后，关键路径有可能变为非关键路径，而非关键路径也有可能变为关键路径。

⑦关键路径可能存在多条，关键路径越多，项目的风险越大，就越难管理。

（36）**参考答案**：A

🖋 **试题解析** 资源平衡往往导致关键路径改变。相对于资源平衡而言，资源平滑不会改变项目的关键路径，完工日期也不会推迟。

（37）**参考答案**：D

🖋 **试题解析** 关键路径可以有一条或者多条（A 选项正确），且随着项目的开展，关键路径也可以变化（B 选项正确）。

资源平衡：为了在资源需求与资源供给之间取得平衡，根据资源制约对开始日期和结束日期进行调整的一种技术。如果共享资源或关键资源只在特定时间可用，数量有限，或被过度分配，如一个资源在同一时段内被分配至两个或多个活动，就需要进行资源平衡。也可以为保持资源使用量处于均衡水平而进行资源平衡。资源平衡往往导致关键路径改变，通常是延长（C选项正确）。

资源平滑是不考虑关键路径上的活动变化的，所以资源平滑不会导致进度延迟（D选项错误）。

（38）**参考答案**：C

🔖**试题解析** 赶工是在确保工作范围不变的前提下，通过增加资源来缩短活动工期。

（39）**参考答案**：C

🔖**试题解析** 成本估算是对完成项目工作所需资金进行近似估算的过程。本过程的主要作用是确定项目所需的资金。成本估算是对完成活动所需资源的可能成本进行的量化评估，是在某特定时点根据已知信息所做出的成本预测（A选项正确）。在项目生命周期中，估算的准确性会随着项目的进展而逐步提高（B选项正确）。在进行成本估算时，应该考虑针对项目收费的全部资源，一般包括人工、材料、设备、服务、设施，以及一些特殊的成本种类，如通货膨胀补贴、融资成本或应急成本（C选项错误）。在估算成本时，需要识别和分析可用于启动与完成项目的备选成本方案，需要权衡备选成本方案并考虑风险，如比较自制成本与外购成本、购买成本与租赁成本及多种资源共享方案，以优化项目成本（D选项正确）。

（40）**参考答案**：D

🔖**试题解析** 制定预算是汇总所有单个活动或工作包的估算成本，建立一个经批准的成本基准的过程。本过程的主要作用是确定可据以监督和控制项目绩效的成本基准。

（41）**参考答案**：A

🔖**试题解析** 预防成本：预防特定项目的产品、可交付成果或服务质量低劣所带来的成本。预防成本包括培训、文件过程、设备、完成时间。见下图。

一致性成本	不一致性成本
预防成本 （打造某种高质量产品） ● 培训 ● 文件过程 ● 设备 ● 完成时间 **评估成本** （评估质量） ● 测试 ● 破坏性试验损失 ● 检查	**内部失败成本** （项目中发现的失败） ● 返工 ● 报废 **外部失败成本** （客户发现的失败） ● 债务 ● 保修工作 ● 失去业务
项目花费资金**规避失败**	项目前后花费的资金（由于失败）

（42）参考答案：B

试题解析 资源分解结构是按资源类别和类型对团队和实物资源的层级列表，用于规划、管理和控制项目工作，每向下一个层次都代表对资源的更详细描述，直到信息详细到可以与工作分解结构（WBS）相结合，用来规划和监控项目工作。

（43）参考答案：D

试题解析 估算活动资源过程的主要输入为项目管理计划和项目文件，主要输出为资源需求、估算依据和资源分解结构。活动清单是输入，因此选 D。

（44）参考答案：C

试题解析 执行过程组需要开展以下 11 类工作。

①按照资源管理计划，从项目执行组织内部或外部获取项目所需的团队资源和实物资源。

②对于团队资源，组建、建设和管理团队。对于实物资源，将其在正确的时间分配到正确的工作上。

③按照采购计划开展采购活动，从项目执行组织外部获取项目所需的资源、产品或服务。

④领导团队按照计划执行项目工作，随时收集能真实反映项目执行情况的工作绩效数据，并完成符合范围、进度、成本和质量要求的可交付成果。

⑤开展管理质量过程相关工作，有效执行质量管理体系。

⑥执行经批准的变更请求，包括纠正措施、缺陷补救和预防措施。

⑦执行经批准的风险应对策略和措施，降低威胁对项目的影响，提升机会对项目的影响。

⑧执行沟通管理计划，管理项目信息的流动，确保干系人了解项目情况。

⑨执行干系人参与计划，维护与干系人之间的关系，引导干系人的期望，促进其积极参与和支持项目。

⑩开展管理项目知识过程相关工作，促进利用现有知识，并形成新知识，进行知识分享和知识转移，促进本项目顺利实施和项目执行组织的发展。

⑪对项目团队成员和项目干系人进行培训或辅导，促进其更好地参与项目。

（45）参考答案：C

试题解析 数据分析包括备选方案分析、文件分析、过程分析和根本原因分析。备选方案分析用于分析多种可选的质量活动实施方案，并做出选择。文件分析用于分析质量控制测量结果、质量测试与评估结果、质量报告等，以便判断质量过程的实施情况好坏。过程分析用于把一个生产过程分解成若干环节，逐一加以分析，发现最值得改进的环节。根本原因分析用于分析导致某个或某类质量问题的根本原因。

（46）参考答案：B

试题解析 ①亲和图用于根据其亲近关系对导致质量问题的各种原因进行归类，展示最应关注的领域。

②因果图也叫鱼刺图或石川图，用来分析导致某一结果的一系列原因，有助于人们进行创造性、系统性思维，找出问题的根源。它是进行根本原因分析的常用方法。

③流程图展示了引发缺陷的一系列步骤，用于完整地分析某个或某类质量问题产生的全过程。

④直方图是一种显示各种问题分布情况的柱状图。每个柱子代表一个问题，柱子的高度代表问题出现的次数。直方图可以展示每个可交付成果的缺陷数量、缺陷成因的排列、各个过程的不合规次数，或项目与产品缺陷的其他表现形式。

⑤矩阵图在行列交叉的位置展示因素、原因和目标之间的关系强弱。

⑥散点图是一种展示两个变量之间的关系的图形，它能够展示两支轴的关系，一般一支轴表示过程、环境或活动的任何要素，另一支轴表示质量缺陷。

（47）**参考答案**：D

🔔**试题解析** 管理质量过程使用的工具与技术包括：数据收集、数据分析、决策、数据表现、审计、面向 X 的设计、问题解决、质量改进方法。

（48）**参考答案**：A

🔔**试题解析** 适用于获取资源过程的人际关系与团队技能是谈判。很多项目需要针对所需资源进行谈判。

项目管理团队需要与下列各方谈判。

- 职能经理：确保项目在要求的时限内获得最佳资源，直到完成职责。
- 执行组织中的其他项目管理团队：合理分配稀缺或特殊资源。
- 外部组织和供应商：提供合适的、稀缺的、特殊的、合格的、经认证的或其他特殊的团队或实物资源。特别需要注意与外部谈判有关的政策、惯例、流程、指南、法律及其他标准。

（49）**参考答案**：C

🔔**试题解析** 冲突的发展划分成如下 5 个阶段。

①潜伏阶段：冲突潜伏在相关背景中，例如，对两个工作岗位的职权描述存在交叉。

②感知阶段：各方意识到可能发生冲突，例如，人们发现了岗位描述中的职权交叉。

③感受阶段：各方感受到了压力和焦虑，并想要采取行动来缓解压力和焦虑。例如，某人想要把某种职权完全归属于自己。

④呈现阶段：一方或各方采取行动，使冲突公开化。例如，某人采取行动行使某种职权，从而与也想要行使该职权的人产生冲突。

⑤结束阶段：冲突呈现之后，经过或长或短的时间，得到解决。例如，该职权被明确地归属于某人。

（50）**参考答案**：B

🔔**试题解析** 采购形式一般有如下几种。

- 直接采购：直接邀请某一家厂商报价或提交建议书，没有竞争性。
- 邀请招标：邀请一些厂家报价或提交建议书，具有有限竞争性。
- 竞争招标：公开发布招标广告，以便潜在卖方报价或提交建议书，具有很大的竞争性。

（51）**参考答案**：C

🔖**试题解析** 在确定中标者之前，需要与潜在卖方进行谈判。谈判的目的是要与潜在卖方加深了解，得到公平、合理的价格，为以后可能的合同关系奠定良好基础。基于评标委员会的推荐，招标方的高级管理层正式批准某投标方中标，与其订立合同。

（52）**参考答案**：D

🔖**试题解析** 控制质量过程的输出为质量控制测量结果、核实的可交付成果和工作绩效信息。

（53）**参考答案**：D

🔖**试题解析** 确认范围过程使用的项目管理计划组件主要包括：范围管理计划、需求管理计划和范围基准等。

①范围管理计划：定义了如何正式验收已经完成的可交付成果。

②需求管理计划：描述了如何确认项目需求。

③范围基准：用范围基准与实际结果比较，以决定是否有必要进行变更、采取纠正措施或预防措施。

（54）**参考答案**：B

🔖**试题解析** 进度偏差（SV）：是测量进度绩效的一种指标，表示为挣值与计划价值之差。它是指在某个给定的时点，项目提前或落后的进度。公式：SV=EV−PV。若 SV＞0，则进度超前；若 SV＜0，则进度滞后。当项目完工时，全部的计划价值都将实现（即成为挣值），进度偏差最终将等于零。

项目①的 SV=EV−PV=1500−1200=300

项目②的 SV=EV−PV=1800−1300=500

项目③的 SV=EV−PV=1400−1200=200

项目④的 SV=EV−PV=1250−1100=150

500＞300＞200＞150，经过比较，项目②的提前量最多，最有可能早完工。

（55）**参考答案**：A

🔖**试题解析** 监督风险过程的工具与技术包括技术绩效分析、储备分析、风险审计、会议。

（56）**参考答案**：B

🔖**试题解析**

- 备选方案分析：用于在出现偏差时选择要执行的纠正措施或纠正措施和预防措施的组合。
- 成本效益分析：有助于在出现偏差时确定最节约成本的纠正措施。

- 挣值分析：对范围、进度和成本绩效进行综合分析。
- 偏差分析：在监控项目工作过程中，通过偏差分析对成本、时间、技术和资源偏差进行综合分析，以了解项目的总体偏差情况。这样就便于采取合适的预防或纠正措施。

（57）**参考答案**：B

试题解析 实施整体变更控制过程贯穿项目始终，项目经理对此承担最终责任。在整个项目生命周期的任何时间，参与项目的任何干系人都可以提出变更请求。尽管变更可以口头提出，但所有变更请求都必须以书面形式记录，并纳入变更管理和（或）配置管理系统中。

在基准确定之前，变更无须正式受控并实施整体变更控制过程。一旦确定了项目基准，就必须通过实施整体变更控制过程来处理变更请求。

在变更请求可能影响任一项目基准的情况下，都需要开展正式的整体变更控制过程。每项记录在案的变更请求都必须由一位责任人批准、推迟或否决，这个责任人通常是项目发起人或项目经理。未经批准的变更请求也应该记录在变更日志中。

（58）**参考答案**：C

试题解析 信息系统通过验收测试环节以后，可以开通系统试运行。系统试运行期间主要包括数据迁移、日常维护以及缺陷跟踪和修复等方面的工作内容。为了检验系统的试运行情况，可将部分数据或配置信息加载到信息系统上进行正常操作。

（59）**参考答案**：A

试题解析 管理文档记录项目管理的信息，例如：
- 开发过程的每个阶段的进度和进度变更的记录。
- 软件变更情况的记录。
- 开发团队的职责定义。
- 项目计划、项目阶段报告。
- 配置管理计划。

（60）**参考答案**：B

试题解析 配置项的版本管理作用于多个配置管理活动之中，如配置标识、配置控制和配置审计、发布和交付等。例如，在信息系统开发项目过程中，绝大部分的配置项都要经过多次的修改才能最终确定下来。对配置项的任何修改都将产生新的版本。由于我们不能保证新版本一定比旧版本"好"，所以不能抛弃旧版本。版本管理的目的是按照一定的规则保存配置项的所有版本，避免发生版本丢失或混淆等现象，并且可以快速准确地查找到配置项的任何版本。

（61）**参考答案**：A

试题解析 处于"正式发布"状态的配置项的版本号格式为：X.Y

X 为主版本号，取值范围为 1~9，Y 为次版本号，取值范围为 1~9。配置项第一次成为"正式"文件时，版本号为 1.0。如果配置项升级幅度比较小，可以将变动部分制作成配置项的附件，附件版本依次为 1.0, 1.1, ...

（62）**参考答案**：A

试题解析 在信息系统项目中，配置管理的目标主要用以定义并控制信息系统的组件维护准确的配置信息，包括：
- 所有配置项能够被识别和记录（A选项错误）。
- 维护配置项记录的完整性。
- 为其他管理过程提供有关配置项的准确信息。
- 核实有关信息系统的配置记录的正确性并纠正发现的错误。
- 配置项当前和历史状态得到汇报。
- 确保信息系统的配置项的有效控制和管理。

（63）**参考答案**：A

试题解析 配置状态报告主要包含下述内容：
- 每个受控配置项的标识和状态。一旦配置项被置于配置控制下，就应该记录和保存它的每个后继进展的版本和状态。
- 每个变更申请的状态和已批准的修改的实施状态。
- 每个基线的当前和过去版本的状态以及各版本的比较。
- 其他配置管理过程活动的记录等。

（64）**参考答案**：A

试题解析 信息系统工程监理的服务能力要素由人员、技术、资源和流程四部分组成。

（65）**参考答案**：A

试题解析 监理资料是指监理过程中需要的文件资料，主要包括监理大纲、监理规划、监理实施细则、监理意见和监理报告等。

①监理大纲：在投标阶段，由监理单位编制，经监理单位法定代表人（或授权代表）书面批准，用于取得项目委托监理及相关服务合同，宏观指导监理及相关服务过程的纲领性文件。

②监理规划：在总监理工程师主持下编制，经监理单位技术负责人书面批准，用来指导监理机构全面开展监理及相关服务工作的指导性文件。

③监理实施细则：根据监理规划，由监理工程师编制，并经总监理工程师书面批准，针对工程建设或运维管理中某一方面或某一专业监理及相关服务工作的操作性文件。

④监理意见：在监理过程中，监理机构以书面形式向业主单位或承建单位提出的见解和主张。

⑤监理报告：在监理过程中，监理机构对工程监理及相关服务阶段性的进展情况、专项问题或工程临时出现的事件、事态，通过观察、检测、调查等活动，形成以书面形式向业主单位提出的陈述。

（66）参考答案：D

🕮 试题解析　在招标阶段：①在业主单位授权下，参与业主单位招标前的准备工作，协助业主单位编制项目的工作计划。②在业主单位授权下，参与招标文件的编制，并对招标文件的内容提出监理意见。③在业主单位授权下，协助业主单位进行招标工作。如委托招标，审核招标代理机构资质是否符合行业管理要求。④向业主单位提供招投标咨询服务。⑤在业主单位授权下，参与承建合同的签订过程，并对承建合同的内容提出监理意见。

（67）参考答案：A

🕮 试题解析　监理大纲的编制应针对业主单位对监理工作的要求，明确监理单位所提供的监理及相关服务目标和定位，确定具体的工作范围、服务特点、组织机构与人员职责、服务保障和服务承诺。

（68）参考答案：B

🕮 试题解析　我国在《国家标准管理办法》中规定国家标准实施 5 年内需要进行复审，即国家标准有效期一般为 5 年。《行业标准管理办法》《地方标准管理办法》分别规定了行业标准、地方标准的复审周期，一般不超过 5 年。

（69）参考答案：C

🕮 试题解析　项目管理工程师的权利：①组织项目团队；②组织制订信息系统项目计划，协调管理信息系统项目相关的人力、设备等资源；③协调信息系统项目内外部关系，受委托签署有关合同、协议或其他文件。

（70）参考答案：A

🕮 试题解析　项目管理工程师的主要职责之一是建设高效项目团队，该团队通常表现出下列特征。

● 有明确的项目目标；
● 建立了清晰的团队规章制度；
● 建立了学习型团队；
● 培养团队成员养成严谨细致的工作作风；
● 团队成员分工明确；
● 建立和培养了勇于承担责任、和谐协作的团队文化；
● 善于利用项目团队中的非正式组织来提高团队的凝聚力。

（71）参考答案：D

🕮 试题解析　题意翻译：（71）不是项目管理过程组之一。
A. 规划过程组　　　B. 启动过程组　　　C. 执行过程组　　　D. 合格流程组
解析：任何项目都必需的 5 个项目过程组分别是启动过程组、规划过程组、执行过程组、监控过程组、收尾过程组。

（72）参考答案：B

🕮 试题解析　题意翻译：（72）是隐性知识的一种获取和收集方法。

A. 书籍和参考资料　　B. 结构化访谈　　C. 网络搜索　　D. 数据访问

解析：隐性知识获取方式主要有结构化访谈、行动学习、标杆学习、分析学习、经验学习、综合学习、交互学习等。

显性知识获取与收集的途径有：①图书资料。②数据访问。③数据挖掘。④网络搜索。⑤智能代理。⑥许可协议。⑦营销与销售协议。

（73）**参考答案**：A

🔍**试题解析** 题意翻译：__(73)__是明确采购方法和识别潜在卖方的过程。

A. 规划采购管理　　B. 关闭采购管理　　C. 控制采购　　D. 实施采购

（74）**参考答案**：B

🔍**试题解析** 题意翻译：信息安全强调信息（数据）本身的安全属性__(73)__不包含在安全属性中。

A. 保密性　　　　　B. 一致性　　　　　C. 完整性　　　　　D. 可用性

解析：信息安全强调信息（数据）本身的安全属性，主要包括以下内容。

- 保密性（Confidentiality）：信息不被未授权者知晓的属性。
- 完整性（Integrity）：信息是正确的、真实的、未被篡改的、完整无缺的属性。
- 可用性（Availability）：信息可以随时正常使用的属性。

（75）**参考答案**：D

🔍**试题解析** 在进行项目活动持续时间估算时，估算技术中不包括__(75)__。

A. 三点估算　　　　B. 类比估算　　　　C. 参数估计　　　　D. 清单估算

全国计算机技术与软件专业技术资格（水平）考试

系统集成项目管理工程师机考试题终极预测 第4套

应用技术题参考答案/试题解析

试题一参考答案与试题解析

【问题1】

参考答案：

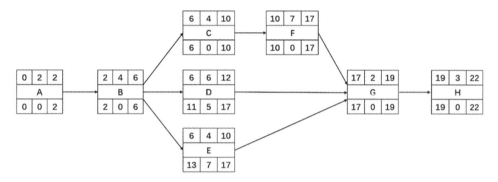

关键路径是 A-B-C-F-G-H，工期是 2+4+4+7+2+3=22 天。

🗝 试题解析

关键路径法有两个原则：

①某项活动的最早开始时间必须相同或晚于直接指向这项活动的最早完成时间中的最晚时间。

②某项活动的最晚结束时间必须相同或早于该活动直接指向的所有活动的最晚开始时间的最早时间。

根据以上规则，可以计算出工作的最早完成时间。通过正向计算（从第一个活动到最后一个活动）推算出最早完成时间，步骤如下：

（1）从网络图始端向终端计算；

（2）第一个活动的开始时间为项目开始时间；

（3）活动完成时间为开始时间加持续时间；

（4）后续活动的开始时间根据前置活动的时间和搭接时间而定；

（5）多个前置活动存在时，根据最晚活动时间来定。

通过反向计算（从最后一个活动到第一个活动）推算出最晚开始和完成时间，步骤如下：

（1）从网络图终端向始端计算；

（2）最后一个活动的完成时间为项目完成时间；

（3）活动开始时间为完成时间减持续时间；

（4）前置活动的完成时间根据后续活动的时间和搭接时间而定；

（5）多个后续活动存在时，根据最早活动时间来定。

关键路径法在不考虑任何资源限制的情况下，按照以上步骤使用正向和反向推算，计算出所有活动的最早开始、最早完成、最晚开始和最晚完成时间。

关键路径是项目中时间最长的活动顺序，它决定了可能的项目的最短工期。

【问题2】

参考答案：

（1）EV=10 000 元

（2）SV=10 000–6800=3200＞0，SPI=10 000/6800＞1，说明进度超前。

CV=10 000–8600=1400＞0，CPI=10 000/8600＞1，说明成本节约。

试题解析

计划值 PV 是指项目实施过程中某阶段计划要求完成的工作量所需的预算工时或费用，主要反映进度计划应完成的工作量（不包括管理储备），项目的总计划值也叫完工预算 BAC。

根据前面的网络图进度可知，在项目进行完第 8 天时，原计划应完成的活动有 A、B，以及 C 项目的二分之一，D 项目的三分之一和 E 项目的二分之一，可计算对应的 PV=PVA+PVB+1/2×PVC+1/3×PVD+1/2×PVE=2×1×200+4×3×200+1/2×4×3×200+1/3×6×4×200+1/2×4×3×200=6800 元。

挣值 EV 是指项目实施过程中某阶段实际完成工作量及按预算定额计算出来的工时（或费用）之积。

据"项目进行完第 8 天时发现项目团队已完成了 ABCE 四项活动，以及 D 活动的二分之一"可以计算出此时的 EV=EVA+EVB+EVC+EVE+1/2×EVD=2×1×200+4×3×200+4×3×200+4×3×200+6×4×200×1/2=10000。

实际成本 AC 是指项目实施过程中某阶段实际完成的工作量所消耗的工时（或费用），主要反映项目执行的实际消耗指标，题目中已告知了项目进行完第 8 天时 AC 是 8600 元。

进度偏差 SV 及进度绩效指数 SPI：进度偏差是测量进度绩效的一种指标，可表明项目进度是落后还是提前于进度基准。进度绩效指数是测量进度效率的一种指标，它反映了项目团队利用时间的效率，有时与成本绩效指数 CPI 一起使用，以预测最终的完工估算。

SV 计算公式：SV=EV–PV。当 SV＞0 时，说明进度超前；当 SV＜0 时，说明进度落后；当 SV=0 时，则说明实际进度符合计划。

SPI 计算公式：SPI=EV/PV。当 SPI＞1.0 时，说明进度超前；当 SPI＜1.0 时，说明进度落后；

当 SPI=1.0 时，则说明实际进度符合计划。

在项目进行完第 8 天时，SV=10 000–6800=3200＞0，SPI=10 000/6800＞1，说明进度

超前。

成本偏差 CV 及成本绩效指数 CPI。成本偏差是测量项目成本绩效的一种指标，指明了实际绩效与成本支出之间的关系，表示在某个给定时点的预算亏空或盈余量。项目结束时的成本偏差，就是完工预算 BAC 与实际成本之间的差值。

成本绩效指数是测量项目成本效率的一种指标，用来测量已完成工作的成本效率，可为预测项目成本和进度的最终结果提供依据。

CV 计算公式：CV=EV−AC。当 CV<0 时，说明成本超支；当 CV>0 时，说明成本节约；当 CV=0 时，说明成本等于预算。

CPI 计算公式：CPI=EV/AC。当 CPI<1.0 时，说明成本超支；当 CPI>1.0 时，说明成本节约；当 CPI=1.0 时，说明成本等于预算。

题目中已告知了在项目进行完第 8 天时 AC 是 8600 元。

故，在项目进行完第 8 天时 CV=10 000−8600=1400＞0，CPI=10 000/8600＞1，说明成本节约。

【问题 3】
参考答案：
（1）将活动 E 调整为第 13 天开始。
（2）最少可配置 5 名技术工程师。

试题解析

题目要求不影响工期说明只能调整非关键路径上的活动，同时要使用资源平滑技术，在可调整活动的自由时差和总时差内优化，活动 D 的工期需要 6 天且自由时差只有 5 天，而 E 活动工期是 4 天，拥有 7 天的自由时差，正好可以将活动 E 调整为第 13 天开展，即可避免与 C、D 活动的并行，如此只需要 5 名技术工程师的配置即可完成项目，未优化调整前项目用人高峰期时至少需要配置 10 人。

虽然本题未要求绘制时标图，但建议考生在解答本题时先绘制时标逻辑图，这样更直观。

试题二参考答案与试题解析

【问题 1】
参考答案：
（1）震荡阶段
（2）形成阶段、震荡阶段、规范阶段、成熟阶段和解散阶段。

①形成阶段。团队成员相互认识，并了解项目情况及他们在项目中的正式角色与职责。在这一阶段，团队成员倾向于相互独立，不一定开诚布公。

②震荡阶段。团队开始从事项目工作、制定技术决策和讨论项目管理方法。如果团队成员不能用合作和开放的态度对待不同观点和意见，团队环境可能变得事与愿违。

③规范阶段。团队成员开始协同工作，并调整各自的工作习惯和行为来支持团队，

团队成员会学习相互信任。

④成熟阶段。团队就像一个组织有序的单位那样工作，团队成员之间相互依靠，平稳高效地解决问题。

⑤解散阶段。团队完成所有工作，团队成员离开项目。通常在项目可交付成果完成之后，或者，在结束项目或阶段过程中，释放人员，解散团队。

试题解析

本题考查项目资源管理领域，执行过程组中建设团队过程的内容，塔克曼阶梯理论，在该理论中提出团队建设通常要经过形成阶段、震荡阶段、规范阶段、成熟阶段和解散阶段。通常这 5 个阶段按顺序进行，有时团队也会停滞在某个阶段或退回到较早的阶段；某个阶段持续时间的长短，取决于团队活力、团队规模和团队领导力。项目经理应该对团队活力有较好的理解，以便有效地带领团队经历所有阶段。

【问题 2】

参考答案：

管理团队的主要工作包括：

①在管理团队的过程中，分析冲突背景、原因和阶段，采用适当方法解决冲突。

②考核团队绩效并向成员反馈考核结果。

③持续评估工作职责的落实情况，分析团队绩效的改进情况，考核培训、教练和辅导的效果。

④持续评估团队成员的技能并提出改进建议，持续评估妨碍团队的困难和障碍的排除情况，持续评估与成员的工作协议的落实情况。

⑤发现、分析和解决成员之间的误解，发现和纠正违反基本规则的言行。

⑥对于虚拟团队，则还要持续评估虚拟团队成员参与的有效性。

试题解析

本题考查项目资源管理领域，执行过程组中管理团队过程的内容。管理团队是跟踪团队成员工作表现、提供反馈、解决问题并管理团队变更，以优化项目绩效的过程。本过程的主要作用是，影响团队行为、管理冲突以及解决问题。

【问题 3】

参考答案：

（1）感知阶段

（2）感受阶段

（3）呈现阶段

（4）妥协/调解

试题解析

冲突管理是管理团队的重要技能，冲突是指双方或多方的意见或行动不一致。冲突不仅是不可避免的，而且适当数量和性质的冲突是有益的，有利于提高团队的创造力。有效地管理冲突，有利于加强团队建设，提高项目绩效。冲突的来源包括资源稀缺、进度优先级排序和个人工作风格差异等。

冲突的发展划分成潜伏阶段、感知阶段、感受阶段、呈现阶段、结束阶段 5 个阶段。

在冲突发展的潜伏阶段和感知阶段，重点是预防冲突。在冲突发展进入感受阶段及呈现阶段后，则重点在解决冲突。常用的冲突解决方法如下。

①撤退/回避：从实际或潜在冲突中退出，将问题推迟到准备充分的时候，或者将问题推给其他人解决。

②缓和/包容：强调一致而非差异；为维持和谐与关系而退让一步，考虑其他方的需要。

③妥协/调解：为了暂时或部分解决冲突，寻找能让各方都在一定程度上满意的方案。但这种方法有时会导致"双输"局面。

④强迫/命令：以牺牲其他方为代价，推行某一方的观点；只提供赢输方案。通常是利用权力来强行解决紧急问题，这种方法通常会导致"赢-输"局面。

⑤合作/解决问题：综合考虑不同的观点和意见，采用合作的态度和开放式对话引导各方达成共识和承诺。这种方法可以带来双赢局面。

试题三参考答案与试题解析

【问题 1】

参考答案：

（1）项目干系人一般分为：项目客户和用户、项目团队及成员、项目发起人、资源或职能部门、供应商、其他相关组织和个人。

（2）作用影响方格主要基于四个方面：干系人的职权级别（权力）、对项目成果的关心程度（利益）、对项目成果的影响能力（影响）、改变项目计划或执行的能力。

试题解析

本题考查项目干系人管理知识领域，启动过程组中识别干系人过程的知识。识别干系人对项目管理工作的有序有效推进起着重要作用，需要在项目过程中定期开展，目的是明确干系人需求，分析和记录他们的利益、参与度、依赖性、影响力和对项目成功的潜在影响的过程。

在不同项目中会包含不同的项目干系人，项目干系人的职责和权限也会有所不同。项目管理者需依据项目建设目标、项目建设内容及需求等方面确定对项目存在期望、需求或对项目产生影响的干系人的类别。

在系统集成项目建设过程中，项目干系人的主要类别通常包括项目客户和用户、项目团队及成员、项目发起人、资源或职能部门、供应商，以及其他相关组织或个人等。

【问题 2】

参考答案：

不了解型、抵制型、中立型、支持型、领导型。

🔖 试题解析

本题考查项目干系人管理领域，规划过程组中规划干系人参与过程的技术——干系人参与度评估矩阵，以参与度为基准对不同类别干系人进行分类，便于管理，一般分为以下几类。

①不了解型：不知道项目及其潜在影响。

②抵制型：知道项目及其潜在影响，但抵制项目工作或成果可能引发的任何变更，此类干系人不会支持项目工作或项目成果。

③中立型：了解项目，但既不支持，也不反对。

④支持型：了解项目及其潜在影响，并且会支持项目工作及其成果。

⑤领导型：了解项目及其潜在影响，而且积极参与，以确保项目取得成功。

【问题3】

参考答案：

①在适当的项目阶段引导干系人参与，以便获取、确认或维持他们对项目成功的持续承诺。

②通过谈判和沟通的方式管理干系人期望。

③处理与干系人管理有关的任何风险或潜在关注点，预测干系人可能在未来引发的问题。

④澄清和解决已识别的问题等。

🔖 试题解析

本题考查项目干系人管理知识领域，执行过程组中管理干系人参与过程的内容，通过开展一些列的活动，能够有效收集干系人的需求和问题。

试题四参考答案与试题解析

【问题1】

参考答案：

一般的采购步骤包括：

①准备采购工作说明书（SOW）或工作大纲（TOR）。

②准备高层级的成本估算，制定预算。

③发布招标广告。

④确定合格卖方的名单。

⑤准备并发布招标文件。

⑥由卖方准备并提交建议书。

⑦对建议书开展技术（包括质量）评估。

⑧对建议书开展成本评估。

⑨准备最终的综合评估报告（包括质量及成本），选出中标建议书。

⑩结束谈判，买方和卖方签署合同。

🖋 **试题解析**

本题考查项目采购管理知识领域，规划过程组中规划采购管理过程的内容。规划采购管理是记录项目采购决策，明确采购方法，识别潜在卖方的过程。本过程的主要作用是确定是否从项目外部获取货物和服务。应该在规划采购管理过程的早期，确定与采购有关的角色和职责。项目经理应确保在项目团队中配备具有所需采购专业知识的人员。采购过程的参与者可能包括购买部或采购部的人员，以及法务部的人员。这些人员的职责也应记录在采购管理计划中。

【问题2】
参考答案：

以项目范围为标准进行划分，可以将合同分为项目总承包合同、项目单项承包合同和项目分包合同三类。

以项目付款方式为标准进行划分，通常可将合同分为两大类，即总价合同和成本补偿合同。另外，常用的合同类型还有混合型的工料合同。

🖋 **试题解析**

本题考查项目采购管理知识领域，规划过程组中规划采购管理过程的内容。主要涉及合同的分类，考生不仅需要了解合同的类型，还应能区分不同合同类型的功能和选择的依据。

【问题3】
参考答案：

（1）B

（2）D

（3）C

（4）A

🖋 **试题解析**

本题考查考生对于采购管理中合同类型的区分和理解，在项目工作中，要根据项目的实际情况和外界条件的约束来选择合同类型，具体原则为：

①如果工作范围很明确，且项目的设计已具备详细的细节，则使用总价合同。

②如果工作性质清楚，但工作量不是很清楚，而且工作不复杂，又需要快速签订合同，则使用工料合同。

③如果工作范围尚不清楚，则使用成本补偿合同。

④如果双方分担风险，则使用工料合同；如果买方承担成本风险，则使用成本补偿合同；如果卖方承担成本风险，则使用总价合同。

⑤如果是购买标准产品，且数量不大，则使用单边合同等。

全国计算机技术与软件专业技术资格（水平）考试

系统集成项目管理工程师机考试题终极预测 第5套

基础知识题参考答案/试题解析

（1）**参考答案**：C

试题解析 信息的可用性关注的是信息在需要时能够被预期用户轻松地访问和使用。它涉及信息的可访问性、易用性和可理解性等方面。

（2）**参考答案**：D

试题解析 信息化体系是一个涵盖了信息技术应用、信息资源、信息化人才等多个方面的综合体系。

A选项"信息技术应用"是信息化体系的核心，它指的是信息技术在各个领域、行业、企业中的实际应用，如办公自动化、电子商务、智能制造等。

B选项"信息资源"是信息化体系的基础，它指的是各种形式的信息，如数据、知识、文档等，以及信息的管理、处理、传输等所需的基础设施。

C选项"信息化人才"是信息化体系的关键，它指的是具备信息技术知识和应用能力的人才，是推动信息化建设和发展的重要力量。

而D选项"传统业务流程"并不直接构成信息化体系的主要组成部分。虽然信息化体系的建设可能会对传统业务流程产生影响，甚至需要对其进行优化和改造，但传统业务流程本身并不是信息化体系的组成部分。在信息化体系中，更重要的是如何利用信息技术来优化和改造业务流程，提高效率和效益。

（3）**参考答案**：C

试题解析 两化融合是信息化和工业化的高层次的深度结合，两化融合的核心就是信息化支撑，追求可持续发展模式。信息化和工业化深度融合是信息化和工业化两个历史进程的交汇与创新，信息化和工业化的融合既加速了工业化进程，也拉动了信息技术的进步。两化融合包括技术融合、产品融合、业务融合和产业衍生四个方面，因此C选项错误。

（4）**参考答案**：D

试题解析 元宇宙的主要特征如下。

沉浸式体验：元宇宙的发展主要基于人们对互联网体验的需求，这种体验就是即时信息基础上的沉浸式体验。

虚拟身份：人们已经拥有大量的互联网账号，未来人们在元宇宙中，随着账号内涵和外延的进一步丰富，将会发展成为一个或若干个数字身份，这种身份就是数字世界的一个或一组角色。

虚拟经济：虚拟身份的存在就促使元宇宙具备了开展虚拟社会活动的能力，而这些活动需要一定的经济模式展开，即虚拟经济。

虚拟社会治理：元宇宙中的经济与社会活动也需要一定的法律法规和规则的约束，就像现实世界一样，元宇宙也需要社区化的社会治理。

（5）**参考答案**：A

🖋**试题解析** 系统软件控制和协调计算机及外部设备，支持应用软件开发和运行的系统，是无须用户干预的各种程序的集合，主要功能是调度、监控和维护计算机系统；负责管理计算机系统中各种独立的硬件，使得它们可以协调工作。系统软件使得计算机使用者和其他软件将计算机当作一个整体，而不需要顾及底层每个硬件是如何工作的。

B 选项"应用软件"是用户可以使用的各种程序设计语言以及用各种程序设计语言编制的应用程序的集合，分为应用软件包和用户程序。

C 选项"中间件"是处于操作系统和应用程序之间的软件。

D 选项与题意不符。

（6）**参考答案**：C

🖋**试题解析** A 选项错误。网络协议的三要素是语法、语义和时序（也称为同步），而非分层、接口和服务。

B 选项错误。语法指数据与控制信息的结构或格式，确定通信时采用的数据格式、编码及信号电平等，同时也涉及数据出现的顺序。

C 选项正确。语义由通信过程的说明构成，它规定了需要发出何种控制信息、完成何种控制动作以及做出何种响应，对发布请求，执行动作以及返回应答予以解释，并确定用于协调和差错处理的控制信息。

D 选项错误。时序（同步）是对事件实现顺序的详细说明，指出事件的顺序及速度匹配和排序。

（7）**参考答案**：B

🖋**试题解析** 软件定义网络中的接口具有开放性，以控制器为逻辑中心，南向接口负责与数据平面进行通信，北向接口负责与应用平面进行通信，东西向接口负责多控制器之间的通信。

（8）**参考答案**：A

🖋**试题解析** 层次模型是一种将数据组织成树形结构的数据模型，其中每个记录类型有一个父记录类型和多个子记录类型。在层次模型中，数据间的联系通过指针或链接来表示，形成父子层次关系。

（9）**参考答案**：C

🖋**试题解析** 关系模型是在关系结构的数据库中用二维表格的形式表示实体以及实体之间的联系的模型，因此选 C。层次模型是数据库系统最早使用的一种模型，它用"树"结构表示实体集之间的关联。用有向图结构表示实体类型及实体间联系的数据结构模型称为网状模型，它可以清晰地表示非层次关系。面向对象模型是一种新兴的数据模型，它采用面向对象的方法来设计数据库。面向对象的数据库存储对象以对象为单位，每个对象包含对象的属性和方法，具有类和继承等特点。

（10）**参考答案**：B

🖋**试题解析**　大数据的一个关键特征是处理速度快（Velocity），它要求能够在短时间内对海量数据进行处理和分析，以支持实时决策。因此，说大数据的处理速度要求非常慢是不正确的。大数据包含结构化、半结构化和非结构化数据，其价值密度相对较低，需要提炼和分析，并且强调对海量数据的实时分析和处理。

大数据主要特征如下。

①数据海量：大数据的数据体量巨大，从 TB 级别跃升到 PB 级别（1PB=1024TB）、EB 级别（1EB=1024PB），甚至达到 ZB 级别（1ZB=1024EB）。

②数据类型多样：大数据的数据类型繁多，一般分为结构化数据和非结构化数据。

③数据价值密度低：数据价值密度的高低与数据总量的大小成反比。

④数据处理速度快：为了从海量的数据中快速挖掘数据价值，要求要对不同类型的数据进行快速的处理。

（11）**参考答案**：C

🖋**试题解析**　IT 服务的产业化进程分为产品服务化、服务标准化和服务产品化三个阶段。其中产品服务化是前提，服务标准化是保障，服务产品化是趋势。

在 IT 服务的产业化进程中，服务标准化是确保服务质量、提高服务效率的关键阶段。之后，服务产品化是将标准化的服务转化为可交易、可复制的产品形态，以便进一步推动服务的产业化和市场化。因此，正确答案是 C 选项。服务个性化虽然也是服务发展的重要方向，但它不是服务标准化之后的直接阶段。产品创新化则更多地关注产品的创新，而不是服务产业化进程中的特定阶段。

（12）**参考答案**：A

🖋**试题解析**　IT 服务质量模型用于定义服务质量的各项特性，分为五大类：安全性、可靠性、响应性、有形性和友好性。每个大类服务质量特性进一步细分为若干子特性。这些特性和子特性适用于定义各类 IT 服务的评价指标。

（13）**参考答案**：A

🖋**试题解析**　横向融合：是指将同一层面的各种职能与需求融合在一起，关注不同系统之间在同一层面上的功能整合。例如，将运行控制层的人事和工资子系统综合在一起，使基层业务处理一体化。

（14）**参考答案**：C

🖋**试题解析**　试题解析：数据架构设计的基本原则包括：数据分层原则、数据处理效率原则、数据一致性原则、可扩展性原则、服务于业务原则。

（15）**参考答案**：B

🖋**试题解析**　在信息安全架构设计的三大要素中，管理要素是确保信息安全策略得以贯彻执行的基础。管理要素包括制定安全政策、建立安全组织、明确安全责任、进行安全审计和培训等，这些都是确保信息安全策略得以有效实施的重要措施。

（16）**参考答案**：A

🖋**试题解析**　WPDRRC 模型的三大要素为人员（People）、策略（Policy）和技术

(Technology)。人员是核心，策略是桥梁，技术是保证。组织（Organization）虽然是信息安全架构中的一个重要部分，但不是 WPDRRC 模型直接提出的三大要素之一。

（17）参考答案：C

🖊 **试题解析** Serverless（无服务器）模式：

- 将"部署"这个动作从运维中"收走"，使开发者不用关心应用运行地点、操作系统、网络配置、CPU 性能等。
- Serverless 并非适用于任何类型的应用。
- 把应用的整个运行都委托给云。
- 非常适合于事件驱动的数据计算任务、计算时间短的请求/响应应用、没有复杂相互调用的长周期任务。

（18）参考答案：C

🖊 **试题解析** 面向对象设计（OOD）的主要目标是确定系统中的类和对象如何协作以实现所需的功能，包括定义类的属性和方法，以及类之间的关系。

（19）参考答案：A

🖊 **试题解析** 软件配置管理（SCM）活动的顺序：

- 软件配置管理计划
- 软件配置标识
- 软件配置控制
- 软件配置状态记录
- 软件配置审计
- 软件发布管理与交付等活动

口诀：计标控状审发交

（20）参考答案：D

🖊 **试题解析** 软件质量保证（SQA）的主要目标如下。

- 事前预防工作。
- 尽量在刚引入缺陷时将其捕获，而不是让缺陷扩散到下一阶段。
- 作用于过程而非最终产品，有可能带来广泛影响与巨大收益。
- 贯穿于所有的活动之中，而不是只集中于一点。

SQA 的主要任务：SQA 审计与评审、SQA 报告、处理不合格问题。

（21）参考答案：C

🖊 **试题解析** 逻辑模型是在概念模型的基础上确定模型的数据结构，目前主要的逻辑模型有层次模型、网状模型、关系模型、面向对象模型和对象关系模型。其中，关系模型是目前最重要的一种逻辑数据模型。

（22）参考答案：A

🖊 **试题解析** 数据资产流通是指通过数据共享、数据开放或数据交易等流通模式，推动数据资产在组织内外部的价值实现。故选项 A 错误。

（23）参考答案：A

🖋 试题解析　敏感数据，又称隐私数据，或者敏感信息。

可分为：个人敏感数据、商业敏感数据、国家秘密数据等。

通常会对敏感数据的敏感程度进行划分：如 L1（公开）、L2（保密）、L3（机密）、L4（绝密）和 L5（私密）。

（24）参考答案：B

🖋 试题解析　中间件是位于操作系统、网络和数据库之上，应用程序的下层的一个软件层。它并不直接与用户、数据库或网络协议交互，而是为上层应用程序提供运行与开发环境。因此，B 选项是正确的，描述了中间件在操作系统与应用程序之间的位置。A 选项错误地描述了中间件在用户与计算机硬件之间，C 选项错误地指出中间件在数据库与应用程序之间，D 选项错误地指出中间件在网络协议与应用程序之间。

（25）参考答案：A

🖋 试题解析　在软件集成的大背景下，出现了有代表性的软件构件标准，如公共对象请求代理结构（Common Object Request Broker Architecture，CORBA）、COM、DCOM 与 COM+、.NET、J2EE 应用架构等标准。

（26）参考答案：C

🖋 试题解析　建立信息系统安全组织机构管理体系的工作包括：

①配备安全管理人员。管理层中应有一人分管信息系统安全工作，并为信息系统的安全管理配备专职或兼职的安全管理人员。

②建立安全职能部门。建立管理信息系统安全工作的职能部门，或者明确指定一个职能部门监管信息安全工作，并将此项工作作为该部门的关键职责之一。

③成立安全领导小组。在管理层成立信息系统安全管理委员会或信息系统安全领导小组，对覆盖全国或跨地区的组织机构，应在总部和下级单位建立各级信息系统安全领导小组，在基层至少要有一位专职的安全管理人员负责信息系统安全工作。

④主要负责人出任领导。由组织机构的主要负责人出任信息系统安全领导小组负责人。

⑤建立信息安全保密管理部门。建立信息系统安全保密监督管理的职能部门，或对原有保密部门明确信息安全保密管理责任，加强对信息系统安全管理重要过程和管理人员的保密监督管理。

（27）参考答案：C

🖋 试题解析　第一级安全保护能力：应能够防护免受来自个人的、拥有很少资源的威胁源发起的恶意攻击、一般的自然灾难，以及其他相当危害程度的威胁所造成的关键资源损害，在自身遭到损害后，能够恢复部分功能。其他选项分别对应更高级别的安全保护能力。

（28）参考答案：D

🖋 试题解析　由 X、Y、Z 三个轴形成的信息安全系统三维空间就是信息系统的"安全空间"。

X 轴是"安全机制"。安全机制可以理解为提供某些安全服务，利用各种安全技术和技巧，所形成的一个较为完善的结构体系。如"平台安全"机制，实际上就是指安全操作系统、安全数据库、应用开发运营的安全平台以及网络安全管理监控系统等。

Y 轴是"OSI 网络参考模型"。信息安全系统的许多技术、技巧都是在网络的各个层面上实施的，离开网络，信息系统的安全也就失去了意义。

Z 轴是"安全服务"。安全服务就是从网络中的各个层次提供给信息应用系统所需要的安全服务支持。如对等实体认证服务、数据完整性服务、数据保密服务等。

（29）**参考答案**：A

试题解析 在信息安全系统工程能力成熟度模型（ISSE-CMM）中，公共特性分为 5 个级别：1 级-非正规实施级、2 级-规划和跟踪级、3 级-充分定义级、4 级-量化控制级、5 级-持续优化级。

（30）**参考答案**：A

试题解析 支持型 PMO 担当顾问的角色，向项目提供模板、最佳实践、培训，以及来自其他项目的信息和经验教训。这种类型的 PMO 其实就是一个项目资源库，对项目的控制程度很低。

（31）**参考答案**：B

试题解析 项目生命周期结构具有以下两方面的主要特征：

①成本与人力投入水平在初始阶段较低，在执行阶段达到最高，并在项目快要结束时迅速回落。

②风险与不确定性在项目初始阶段最大，并在项目的整个生命周期中随着决策的制定与可交付成果的验收而逐步降低；做出变更和纠正错误的成本随着项目越来越接近完成而显著增高。

在项目初始阶段，不确定性和风险都是最高的，因此选 B。

（32）**参考答案**：B

试题解析 各生命周期之间的联系与区别见下表。

采用适应型开发方法的项目又称为敏捷型或变更驱动型项目，适合于需求不确定、不断发展变化的项目。其中适应型（敏捷型）生命周期的特点之一就是频繁交付对客户有价值的各个子集，因此选 B。

预测型	迭代型与增量型	适应型
需求在开发前预先确定	需求在交付期间定期细化	需求在交付期间频繁细化
针对最终可交付成果制订交付计划，然后在项目结束时一次交付最终产品	分次交付整体项目或产品的各个子集	频繁交付对客户有价值的各个子集
尽量限制变更	定期把变更融入项目	在交付期间实时把变更融入项目

预测型	迭代型与增量型	适应型
关键干系人在特定里程碑点参与	关键干系人定期参与	关键干系人持续参与
通过对基本已知的情况编制详细计划来控制风险和成本	通过用新信息逐渐细化计划来控制风险和成本	随着需求和制约因素的显现而控制风险和成本

（33）**参考答案：B**

试题解析 项目建议书应该包括的核心内容有：①项目的必要性；②项目的市场预测；③项目预期成果（如产品方案或服务）的市场预测；④项目建设必需的条件。

（34）**参考答案：C**

试题解析 运行环境是制约信息系统发挥效益的关键。因此，需要从用户的管理体制、管理方法、规章制度、工作习惯、人员素质（甚至包括人员的心理承受能力、接受新知识和技能的积极性等）、数据资源积累、基础软硬件平台等多方面进行评估，以确定软件系统在交付以后，是否能够在用户现场顺利运行。

（35）**参考答案：C**

试题解析 社会效益可行性分析主要包括以下内容。

①品牌效益：指通过项目建设、服务等为组织的知名度提升及正向特征带来的收益；

②竞争力效益：指通过项目预期成果能够为组织在行业或领域中获得更好竞争优势的收益；

③技术创新效益：指通过项目的建设过程中对技术矛盾或难点的攻克，为组织技术能力积累，以及产品与服务创新等方面带来的收益；

④人员提升收益：指通过项目锻炼和人员知识、技能、经验的应用，为组织人员能力提升或骨干人员培育等方面带来的收益；

⑤管理提升效益：指通过项目过程管控以及项目管理与组织管理的实践融合等，为组织的管理水平提升带来的收益。

（36）**参考答案：B**

试题解析 项目管理原则用于指导项目参与者的行为，这些原则可以帮助参与项目的组织和个人在项目执行过程中保持一致性。项目管理原则具体包括：①勤勉、尊重和关心他人；②营造协作的项目团队环境；③促进干系人有效参与；④聚焦于价值；⑤识别、评估和响应系统交互；⑥展现领导力行为；⑦根据环境进行裁剪；⑧将质量融入过程和成果中；⑨驾驭复杂性；⑩优化风险应对；⑪拥抱适应性和韧性；⑫为实现目标而驱动变革。

（37）**参考答案：C**

试题解析 项目评估的依据主要包括：①项目建议书及其批准文件；②项目可行性研究报告；③报送组织的申请报告及主管部门的初审意见；④项目关键建设条件和工程等的协议文件；⑤必需的其他文件和资料等。

（38）**参考答案**：B

试题解析 可以根据干系人对项目工作或项目团队本身的影响方向，对干系人进行分类。可以把干系人分类为：

①向上：执行组织或客户组织、发起人和指导委员会的高级管理层。

②向下：临时贡献知识或技能的团队或专家。

③向外：项目团队外的干系人群体及其代表，如供应商、政府机构、公众、最终用户和监管部门。

④横向：项目经理的同级人员，如其他项目经理或中层管理人员，他们与项目经理竞争稀缺项目资源或者合作共享资源或信息。

（39）**参考答案**：C

试题解析 收集需求过程的输入包括项目章程、项目管理计划、范围管理计划、需求管理计划、干系人参与计划、项目文件、假设日志等，需求文件是收集需求过程的输出。

（40）**参考答案**：C

试题解析 需求跟踪矩阵的内容包括：业务需要、机会、目的和目标；项目目标；项目范围和 WBS 可交付成果；产品设计；·产品开发；测试策略和测试场景；高层级需求到详细需求等。

（41）**参考答案**：B

试题解析 WBS 词典是针对 WBS 中的每个组件，详细描述可交付成果、活动和进度信息的文件。WBS 词典中的内容一般包括账户编码标识、工作描述、假设条件和制约因素、负责的组织、进度里程碑、相关的进度活动、所需资源、成本估算、质量要求、验收标准、技术参考文献和协议信息等。

（42）**参考答案**：B

试题解析 要把整个项目工作分解为工作包，通常需要开展以下活动：

①确定主要的项目可交付成果及相关工作（因此选 B）。

②确定 WBS 的结构和编排方法。

③自上而下逐层细化分解。

④为 WBS 组件制定和分配标识编码。

⑤核实可交付成果分解的程度是否恰当。

因此第一步确定主要的项目可交付成果是要优先做的。

（43）**参考答案**：D

试题解析 WBS 的最低层元素是能够被评估的、可以安排进度的和被追踪的。WBS 底层的工作单元被称为工作包，它是定义工作范围、定义项目组织、设定项目产品的质量和规格、估算和控制费用、估算时间周期和安排进度的基础。

如果项目经理发现一个团队成员正在用与 WBS 词典规定不符的方法来完成这项工作，应该先确定这种变化是否改变了工作包的范围。因为 WBS 的目的最终是关注工作包是否按要求完成。

（44）**参考答案**：B

🖋**试题解析** 开始到完成（SF）：只有紧前活动开始，紧后活动才能完成的逻辑关系。例如只有启动新应付账款系统（紧前活动），才能关闭旧的应付账款系统（紧后活动）。

（45）**参考答案**：D

🖋**试题解析** 提前量是相对于紧前活动，紧后活动可提前的时间量，提前量一般用负值表示。滞后量是相对于紧前活动，紧后活动需要推迟的时间量，滞后量一般用正值表示。

（46）~（47）**参考答案**：A、A

🖋**试题解析** 根据图表信息绘制网络图，最长的路径和持续时间最长的就是关键路径，关键路径为 ABDFHI。关键路径上所有活动的持续时间总和就是项目的工期，即 10+20+10+20+20+15=95。

（48）**参考答案**：A

🖋**试题解析** 自由浮动时间=紧后活动的最早开始时间–本活动的最早完成时间。活动 F 的紧后活动为 G，G 的最早开始时间为 12，所以 F 的自由浮动时间=12-11=1。

（49）**参考答案**：D

🖋**试题解析** 在成本管理计划中一般需要规定计量单位、精确度、准确度、组织程序链接、控制临界值、绩效测量规则、报告格式和其他细节等。

（50）**参考答案**：C

🖋**试题解析** 项目成本估算的输出：活动成本估算、估算依据、项目文件（假设日志、经验教训登记册、风险登记册）更新。范围基准是成本估算的输入。

（51）**参考答案**：C

🖋**试题解析** 成本加奖励费用合同为卖方报销履行合同工作所发生的一切合法成本（即成本实报实销），买方再凭自己的主观感觉给卖方支付一笔利润，完全由买方根据自己对卖方绩效的主观判断来决定奖励费用，并且卖方通常无权申诉。

（52）**参考答案**：D

🖋**试题解析** 载体不是信息而是承载信息的媒介。指导与管理项目工作过程组的输出包括：可交付成果、工作绩效数据、问题日志、变更请求、项目管理计划更新、项目文件更新、组织过程资产更新。

（53）**参考答案**：A

🖋**试题解析** 管理项目知识过程的主要输入为项目管理计划、项目文件和可交付成果，主要输出为经验教训登记册。

（54）**参考答案**：A

🖋**试题解析** 管理质量是把组织的质量政策用于项目，并将管理质量计划转化为可执行的质量活动的过程。本过程的主要作用是提高实现质量目标的可能性，以及识别无效过程和导致质量低劣的原因，促进质量过程改进。

管理质量是所有人的共同职责，包括项目经理、项目团队、项目发起人、执行组织的管理层，甚至是客户。

在敏捷型项目中，整个项目期间的管理质量由所有团队成员执行；但在传统项目中，管理质量通常是特定团队成员的职责。

（55）**参考答案**：B

试题解析 多标准决策分析借助决策矩阵，用系统分析方法建立多种标准，以对众多需要决策内容进行评估和排序。可用多标准决策分析技术来对多种质量活动实施方案进行排序，并做出选择。

（56）**参考答案**：C

试题解析 矩阵图在行列交叉的位置展示因素、原因和目标之间的关系强弱。根据可用来比较因素的数量，有6种常用的矩阵图。

①屋顶形：用丁表示同属一组变量的各个变量之间的关系。

②L形：通常为倒L形。用于表示两组变量之间的关系。

③T形：用于表示一组变量分别与另两组变量的关系。后两组变量之间没有关系。

④X形：用于表示四组变量之间的关系。每组变量同时与其他两组有关系。

⑤Y形：用于表示三组变量之间的两两关系。每两组变量之间都有关系。

⑥C形：用于表示三组变量之间的关系。三组变量同时有关系。

（57）**参考答案**：C

试题解析 适用于获取资源过程的人际关系与团队技能是谈判。很多项目需要针对所需资源进行谈判

项目管理团队需要与下列各方谈判。

- 职能经理：确保项目在要求的时限内获得最佳资源，直到完成职责。
- 执行组织中的其他项目管理团队：合理分配稀缺或特殊资源。
- 外部组织和供应商：提供合适的、稀缺的、特殊的、合格的、经认证的或其他特殊的团队或实物资源。特别需要注意与外部谈判有关的政策、惯例、流程、指南、法律及其他标准。

（58）**参考答案**：A

试题解析 妥协/调解：为了暂时或部分解决冲突，寻找能让各方都在一定程度上满意的方案，但这种方法有时会导致"双输"局面。各让一步，不输不赢；冲突各方都有一定程度满意、但冲突各方没有任何一方完全满意。

（59）**参考答案**：D

试题解析 实施风险应对的输入包括：风险管理计划、经验教训登记册、风险登记册、风险报告、组织过程资产。

（60）**参考答案**：B

①形成阶段。团队成员相互认识，并了解项目情况及他们在项目中的正式角色与职责。在这一阶段，团队成员倾向于相互独立，不一定开诚布公。

②震荡阶段。团队开始从事项目工作、制定技术决策和讨论项目管理方法。如果团队成员不能用合作和开放的态度对待不同观点和意见，团队环境可能变得事与愿违。

③规范阶段。团队成员开始协同工作，并调整各自的工作习惯和行为来支持团队，团队成员会学习相互信任。

④成熟阶段。团队就像一个组织有序的单位那样工作，团队成员之间相互依靠，平稳高效地解决问题。

⑤解散阶段。团队完成所有工作，团队成员离开项目。通常在项目可交付成果完成之后，或者，在结束项目或阶段过程中，释放人员，解散团队。

（61）**参考答案**：C

试题解析　控制质量过程的主要输入为质量管理计划、项目文件、批准的变更请求、可交付成果和工作绩效数据，而不是工作绩效报告，因此 C 选项错误。

（62）**参考答案**：A

试题解析　项目总预算=110 万元，BAC=90+10=100 万元。AC=70 万元，EV=60 万元，SPI=0.6，CPI = EV/AC=0.86，由此可知，项目进度落后，成本超支。

非典型偏差：EAC=BAC+AC−EV=100+70−60=110 万元

典型偏差：EAC= BAC/CPI=100/0.86=116.27 万元

（63）**参考答案**：A

试题解析　用于监督和控制采购的数据分析技术主要包括：绩效审查、挣值分析和趋势分析。

①绩效审查。绩效审查是指对照协议，对质量、资源、进度和成本绩效进行测量、比较和分析，以审查合同工作的绩效。其中包括确定工作包提前或落后于进度计划、超出或低于预算，以及是否存在资源或质量问题。

②挣值分析（EVA）。挣值分析用于计算进度和成本偏差，以及进度和成本绩效指数，以确定偏离目标的程度。

③趋势分析。趋势分析可用于编制关于成本绩效的完工估算（EAC），以确定绩效是正在改善还是恶化。

（64）**参考答案**：A

试题解析　适用于监督干系人参与过程的决策技术如下。

①多标准决策分析：考查干系人成功参与项目的标准，并根据其优先级排序和加权，识别出最适当的选项。

②投票：通过投票，选出应对干系人参与水平偏差的最佳方案。

（65）**参考答案**：B

试题解析　文档的质量通常可以分为 4 级（类）。

①最低限度文档（1级文档）：适合开发工作量低于一个人月的开发者自用程序。该文档应包含程序清单、开发记录、测试数据和程序简介。

②内部文档（2级文档）：可用于没有与其他用户共享资源的专用程序。除1级文档提供的信息外，2级文档还包括程序清单内足够的注释以帮助用户安装和使用程序。

③工作文档（3级文档）：适合于由同一单位内若干人联合开发的程序，或可被其他单位使用的程序。

④正式文档（4级文档）：适合那些要正式发行并供普遍使用的软件产品。关键性程序或具有重复管理应用性质（如工资计算）的程序需要4级文档。4级文档遵守GB/T8567《计算机软件文档编制规范》的有关规定。

（66）**参考答案**：A

试题解析 参考（65）的试题解析。文档的质量通常可以分为4级。

最低限度文档（1级文档）：适合开发工作量低于一个人·月的开发者自用程序。该文档应包含程序清单、开发记录、测试数据和程序简介。

（67）**参考答案**：A

试题解析 配置管理员负责在整个项目生命周期中进行配置管理的主要实施活动，具体有：建立和维护配置管理系统；建立和维护配置库或配置管理数据库；配置项识别；建立和管理基线；版本管理和配置控制；配置状态报告；配置审计；发布管理和交付。

（68）**参考答案**：B

试题解析 CCB负责组织对变更申请进行评估并确认而不是项目经理，因此B选项错误。

（69）**参考答案**：C

试题解析 信息系统项目监理活动最基础的内容被概括为"三控、两管、一协调"。

①三控。三控是指质量控制、进度控制和投资控制。

②两管。两管是指合同管理、信息管理。

③一协调。一协调是指在信息系统工程实施过程中协调有关单位及人员间的工作关系。

（70）**参考答案**：D

试题解析 项目管理工程师的职责：①不断提高个人的项目管理能力；②贯彻执行国家和项目所在地政府的有关法律、法规和政策，执行所在单位的各项管理制度和有关技术规范标准；③对信息系统项目的全生命期进行有效控制，确保项目质量和工期，努力提高经济效益；④严格执行财务制度，加强财务管理，严格控制项目成本；⑤执行所在单位规定的应由项目管理工程师负责履行的各项条款。

（71）**参考答案**：D

试题解析 题意思翻译：项目___（71）___的主要作用：它决定了是否从项目外部购

买商品和服务，如果是，购买什么，以及如何和何时购买。

A. 进度管理　　　　　B. 变更管理　　　　　C. 知识管理　　　D. 采购管理

（72）参考答案：D

🔖 试题解析　题意思翻译：项目管理工程师的价值观不包括__（72）__。

A. 信任　　　　　B. 遵守纪律　　　　　C. 勇于创新　　　D. 封建迷信

（73）参考答案：B

🔖 试题解析　题意思翻译：国家标准的有效期一般是__（73）__。

A. 3年　　　　　B. 5年　　　　　C. 10年　　　　　D. 15年

（74）参考答案：B

🔖 试题解析　题意思翻译：监理服务能力重点关注__（74）__。

A. 战略、组织、流程、绩效

B. 人员、技术、资源、流程

C. 工具、知识、治理、满意度

D. 文件、活动、人员、绩效

（75）参考答案：C

🔖 试题解析　题意翻译：项目是为创造独特的产品、服务或成果而做出的__（75）__工作。

A. 静止的　　　　　B. 永久的　　　　　C. 临时的　　　D. 租用的

全国计算机技术与软件专业技术资格（水平）考试

系统集成项目管理工程师机考试题终极预测 第 5 套

应用技术题参考答案/试题解析

试题一参考答案与试题解析

【问题 1】

参考答案：

计划值 PV=8+5+6+7+3+1=30 万元，挣值 EV=5.6+5+4.8+5.6+3+0.8=24.8 万元，实际成本 AC=7+4+5+6+3+1=26 万元。

SV=EV–PV=24.8–30=–5.2＜0，SPI=EV/PV=24.8/30＜1，说明进度滞后；

CV=EV–AC=24.8–26=–1.2＜0，CPI=EV/AC=24.8/26＜1，说明成本超支。

试题解析

PV 是指项目实施过程中某阶段计划要求完成的工作量所需的预算工时或费用，主要反映进度计划应完成的工作量（不包括管理储备），项目的总计划值也叫完工预算 BAC。

本题表格中已明确了该项目的 PV，即各项活动对应的计划成本，故：

PV=8+5+6+7+3+1=30 万元

EV 是指项目实施过程中某阶段实际完成工作量及按预算定额计算出来的工时（或费用）之积。

本项目中活动 B 和 E 均已完成，则其对应的 EV 分别是 5 万元和 3 万元，而其他进度未到 100%的活动的 EV 分别为：

EVA=8×70%=5.6 万元，EVC=6×80%=4.8 万元，EVD=7×80%=5.6 万元，EVF=1×80%=0.8 万元。

综上，EV= 5.6+5+4.8+5.6+3+0.8=24.8 万元。

AC 是指项目实施过程中某阶段实际完成的工作量所消耗的工时（或费用），主要反映项目执行的实际消耗指标，本项目的实际成本就是表中的实际成本，故：

AC=7+4+5+6+3+1=26 万元。

评价项目分两部分进行，可用进度偏差 SV 或进度绩效指数 SPI 对进度状况评价，可用成本偏差 CV 或成本绩效指数 CPI 对成本状况进行评价。

SV=EV–PV=24.8–30=–5.2＜0，SPI=EV/PV=24.8/30＜1，说明进度滞后；

CV=EV–AC=24.8–26=–1.2＜0，CPI=EV/AC=24.8/26＜1，说明成本超支。

【问题 2】

参考答案：

错误。

由于本项目目前所有的必要活动并未全部结束，助理统计的实际成本并不是项目完工时的最终实际成本。

🖋 试题解析

衡量项目的成本状况是否属于节约，不能直接使用某个节点时的 AC 与 PV 去比较，要结合项目实际的进度，以及 CV 或 CPI 来判断。

【问题3】

参考答案：

（1）EAC=AC+(BAC−EV)/CPI=26+(30−24.8)/0.95=31.5 万元

（2）EAC=AC+ETC=AC+BAC−EV=26+30−24.8=31.2 万元

（3）由于项目目前的进度滞后且成本超支，建议杜经理仔细研究分析各活动的紧前紧后关系，以及资源与成本投入情况，确认是否可以将部分活动通过资源平滑技术来优化，并降低整体成本，以最低成本安排赶工或快速跟进，但这可能会增加项目的整体成本，故需在必要时调整进度基准和成本基准。

🖋 试题解析

完工预算 EAC=实际成本 AC+完工尚需估算 ETC，但我们在对项目的完工预算 EAC 进行核算时，需要结合当前成本状况的判断，项目后续是否依然保持当前的成本偏差状况：

若是，则 ETC=(BAC−EV)/CPI；若否，则 ETC=BAC−EV。

试题二参考答案与试题解析

【问题1】

参考答案：

（1）涉及规划过程组和监控过程组，其中规划过程组包含：规划成本管理、估算成本、制定预算，监控过程组包含：控制成本。

（2）类比估算、参数估算、自下而上估算、三点估算。

🖋 试题解析

本题考查考生对十大管理领域和五大过程组的基本框架，以及估算成本过程的工具与技术，成本管理和进度管理领域属于管理部分的重要章节，也是计算题的必考区域，必须理解和掌握。

【问题2】

参考答案：

①对造成成本基准变更的因素施加影响；

②确保所有变更请求都得到及时处理；

③当变更实际发生时，管理这些变更；

④确保成本支出不超过批准的资金限额，既不超出按时段、按 WBS 组件、按活动分配的限额，也不超出项目总限额；

⑤监督成本绩效，找出并分析与成本基准间的偏差；

⑥对照资金支出，监督工作绩效；
⑦防止在成本或资源使用报告中出现未经批准的变更；
⑧向干系人报告所有经批准的变更及其相关成本；
⑨设法把预期的成本超支控制在可接受的范围内等。

🖋 **试题解析**

控制成本是监督项目状态，以更新项目成本和管理成本基准变更的过程。本过程的主要作用是，在整个项目期间保持对成本基准的维护。

要更新预算，就需要了解截至目前的实际成本。只有经过实施整体变更控制过程的批准，才可以增加预算。只监督资金的支出，而不考虑由这些支出所完成的工作的价值，对项目没有什么意义，最多算是跟踪资金流。因此，在成本控制中，应重点分析项目资金支出与相应完成的工作之间的关系。有效成本控制的关键在于管理经批准的成本基准。

【问题3】

📌 **参考答案：**
（1）× （2）× （3）√ （4）√

试题三参考答案与试题解析

【问题1】

📌 **参考答案：**
规划进度管理、定义活动、排列活动顺序、估算活动持续时间、制订进度计划

🖋 **试题解析**

本题考查项目进度管理的各活动过程的基本内容及五大过程组的对照关系，进度管理和成本管理的内容是重点章节，也是计算题的必考范围，考生应在侧重理解基础上记忆。

【问题2】

📌 **参考答案：**

ES	最早开始时间	EV	挣值
EF	最早完成时间	SV	进度偏差
LS	最迟开始时间	BAC	完工预算
LF	最迟完成时间	EAC	完工估算

🖋 **试题解析**

本题考查进度管理和成本管理的基本概念及公式的理解、代号的区分，进度管理和成本管理的内容是重点章节，也是计算题的必考范围，考生应在侧重理解的基础上记忆。

【问题3】

（1）📌 **参考答案：**

①网络图中的每一项活动和每一个事件都必须有唯一的代号，即网络图中不会有相同的代号；

②任两项活动的紧前事件和紧后事件代号至少有一个不相同，节点代号沿箭线方向越来越大；

③流入（流出）同一节点的活动，均有共同的紧后活动（或紧前活动）。

（2）**参考答案：**

(a+b+c)/3

（3）**参考答案：**

(a+4b+c)/6

试题四参考答案与试题解析

【问题 1】

参考答案：

①没有编制范围管理计划，从而导致后续一系列范围管理活动受到较大影响；

②小梁根据历史经验，主观确定了项目干系人的需求，缺少了收集需求的过程；

③定义范围过程不规范，小梁自己完成了项目范围说明书，基本没有组织各干系人参与；

④小梁在完成项目范围说明书后也未及时与项目干系人核实确认；

⑤小梁自己制定范围基准，没有经客户参与和确认，导致后续施工标准错误、无法交付；

⑥确认范围的过程没有严格落实，导致最终系统无法获准交付；

⑦甲方提出新增功能和修改时，未经变更控制流程就自行调整，导致范围蔓延；

试题解析

本题考查项目范围管理知识领域各相关过程的知识点，项目范围管理共涉及规划过程组中的 4 个活动：规划范围管理、收集需求、定义范围和创建 WBS，通过规划范围管理输出范围管理计划和需求管理计划，通过收集需求形成需求文件和需求跟踪矩阵，再通过定义范围过程形成非常重要的项目范围说明书，最后以创建 WBS 的方式最终形成了范围基准。在确定了范围基准后，项目实施过程中，需要依据这些输出对所有与影响范围相关的活动进行监控，包括两个活动：确认范围和控制范围。确认范围过程是正式验收已完成的项目可交付成果的过程，由主要干系人和或客户等来审查从控制质量过程输出的核实的可交付成果，来确认这些可交付成果已圆满完成并正式通过验收。而控制范围是监督项目和产品的范围状态，管理范围基准的变更，本过程主要输出是工作绩效信息和变更请求。

【问题 2】

参考答案：

1. 项目范围说明书的内容有：

①产品范围的描述

②可交付成果（含辅助类成果）

③验收标准

④项目的除外责任

2．项目范围说明书的作用有：

①记录整个项目范围和产品范围，明确了该做和不该做的边界；

②详细描述了项目的可交付成果（含辅助成果），为后续活动的目的指明方向；

③代表项目干系人之间对项目范围所达成的共识，为最终顺利交付奠定基础；

④有效管理干系人的期望；

⑤为项目团队进行更详细的规划提供依据和支持；

⑥为变更请求和额外工作的判断提供边界参考。

🔍 **试题解析**

本题考查项目范围管理知识领域，规划过程组中定义范围过程的基础知识，定义范围过程在整个项目的范围管理工作中，具有承前启后的意义，通过之前规划范围管理形成了范围和需求管理计划，通过收集需求过程输出了需求文件和需求跟踪矩阵，定义范围在以上各输出的基础上输出了重要的项目范围说明书，为整个项目和产品提供了清晰的边界，也为后续项目组具体工作的开展和创建 WBS 提供必要前提，考生应将项目范围管理各个过程的前后逻辑关系充分理解。

【问题 3】

参考答案：

（1）B

（2）D

（3）C

🔍 **试题解析**

本题考查项目范围管理知识领域，规划过程组中创建 WBS 过程的基础知识，重点指向是该过程的输出"范围基准"中各组成要素的理解。

范围基准是项目管理计划的组成部分，是经过批准的范围说明书、WBS 和相应的 WBS 字典，范围基准包括项目范围说明书、WBS、工作包、规划包和 WBS 字典等：

①项目范围说明书。项目范围说明书包括对项目范围、主要可交付成果、假设条件和制约因素的描述。

②WBS。WBS 是对项目团队为实现项目目标、创建所需可交付成果而需要实施的全部工作范围的层级分解。工作分解结构每向下分解一层，代表对项目工作更详细的定义。

③工作包。WBS 的最低层级是带有独特标识号的工作包。这些标识号为进行成本、进度和资源信息的逐层汇总提供了层级结构，即账户编码。每个工作包都是控制账户的一部分，而控制账户则是一个管理控制点。在该控制点上，把范围、预算和进度加以整

合，并与挣值相比较，以测量绩效。控制账户包含两个或更多工作包，但每个工作包只与一个控制账户关联。

④规划包。规划包是一种低于控制账户而高于工作包的工作分解结构组件，工作内容已知，但详细的进度活动未知，一个控制账户可以包含一个或多个规划包。

⑤WBS 字典。WBS 字典是针对 WBS 中的每个组件，详细描述可交付成果、活动和进度信息的文件。WBS 字典对 WBS 提供支持，其中大部分信息由其他过程创建，然后在后期添加到字典中。WBS 字典中的内容一般包括账户编码标识、工作描述、假设条件和制约因素、负责的组织、进度里程碑、相关的进度活动、所需资源、成本估算、质量要求、验收标准、技术参考文献和协议信息等。